PLANETA SOLITARIO

Dirección de la colección y edición:
Yago Ferreiro

Al cuidado de:
Martín Errand

Diseño de cubierta y editorial:
© Laszlito Kovacs, 2024

Composición: *InHouse*

Dep. legal: Le. 85–2024

ISBN: 978–84–127378–9–9

Impreso en España — Printed in Spain

El editor, Yago Ferreiro, quiere expresar su agradecimiento a Anna Farré y a Paterson por su inestimable ayuda a la hora de editar, componer y revisar el presente texto, así como por su amabilidad, paciencia y amistad. A Orlando Ferreiro Ruiz por el magnífico trabajo a la hora de diseñar los elementos gráficos de este libro y a Bob Pop por su increíble generosidad. El editor también manifiesta su deseo de que algún día el catálogo de Mrs. Danvers esté a la altura del logo que Javier Cardo ha creado para esta colección. Veremos.

La imagen gráfica de **Mrs. Danvers** es un diseño de **Javier Cardo**

Mrs. Danvers es un sello de **menoslobos, taller editorial**

PLANETA SOLITARIO

Ana Flecha Marco

Mrs. Danvers

Ana Flecha Marco (León, 1986) traduce libros y hojas sueltas del inglés, francés y noruego al castellano, es intérprete de conferencias, lee, dibuja y canta jotas. Como autora ha publicado *Dos novelitas nórdicas* y *Piso compartido* (ambas en el sello Mrs. Danvers en 2019 y 2020) y el álbum ilustrado infantil *La niña búho y el fantástico viaje en balde* (Eolas&menoslobos, 2020). También es editora de vía postal, un sello de Mr. Griffin que por ahora cuenta con dos títulos publicados: *Cartas portuguesas* de Rita Barata Silvério (2022) y *En las ruinas crecen plantas y otras cartas desde la naturaleza griega* de Beatriz Cárcamo Aboitiz (2024). Ha vivido en España, Francia, Noruega y Alemania, en sitios grandes y pequeños. Desde hace unos años vive en Madrid y en internet.

A Elena, mi hermana, por abrirme el camino

Le monde entier est un cactus.
Il est impossible de s'asseoir.
Jacques Dutronc

You've never been to Niagara Falls.
I have seen water. It's water, that's all.
Björk

Este iba a ser un libro de viajes, qué risa. ¿Por qué no escribes un libro de viajes?, me dijo mi editor aquel año en el que todo el mundo dejó de viajar. Entonces se trataba de una pregunta retórica, sin ninguna malicia, porque nada de eso había pasado todavía. Aquella pregunta bienintencionada y, la verdad, bastante atractiva, no era más que una propuesta flanqueada por un signo de interrogación de apertura y otro de cierre. Me los imagino, porque esta conversación no fue por escrito, pero mi editor es una persona formal, una persona de las que ya no quedan, de las de bombín y bastón y modales antiguos, y estoy segura de que empieza las preguntas con un signo de apertura incluso al hablar. Creo que ya no hace falta que responda por qué no llegué a escribir un libro de viajes, qué ocurrió en ese año sin verbenas que me pudiera impedir hacerlo. Ya hay varios millones de personas que han escrito sobre eso y yo no tengo ninguna intención de sumarme a ellos. Llego tarde, tanto que ya ni siquiera tiene sentido la excusa, y además me da una pereza horrorosa. No he empezado este manuscrito para escribir sobre cosas que no me interesan. Solo faltaba. Para eso ya tengo un trabajo. He empezado a escribir este texto porque yo las propuestas, según de quién vengan, me las tomo muy en serio. Este iba a ser un libro de viajes y quién nos dice que no lo acabará siendo. No es la primera vez que escribo algo quieta en un sitio y acabo pareciendo la *Lonely Planet*.

*

Cada vez es más común que los libros en inglés y los libros noruegos, que son los libros que más leo por gusto y por trabajo, adviertan al lector en la cubierta de lo que se va a encontrar: *a memoir, a novel, roman, noveller,* etc. Últimamente he leído memorias que llevan la etiqueta de novela en la cubierta, novelas que llevan la etiqueta de memorias, diarios que son cuentos y cuentos que son obras de teatro. En España, de donde leo también muchos libros, se tiende a pensar que todo lo que escriben las mujeres en primera persona, sobre todo si esas mujeres son jóvenes, es autoficción. De la ficción pura y dura no duda nadie y, sin embargo, a mí a veces me da la impresión de que ciertos escritores la usan para decir aquellas cosas que nunca se atreverían a expresar en primera persona o para disfrazar como extravagancias y licencias poéticas realidades que sin el halo de lo inventado resultarían demasiado inverosímiles. Si fuera mentira, sería demasiado absurdo decir que Elvis Presley nació en Tupelo, que el doctor Culebras es especialista en aparato digestivo, que hay una familia de banqueros que se apellida Botín o que existe una persona que se llama Luz y se apellida Cuesta Mogollón. Esto que escribo yo ahora no sé lo que es, pero ni me lo invento ni puedo jurar que sea verdad. De lo que sí estoy segura es que para escribir un libro de viajes no hace falta irse a ninguna parte, aunque, como para escribir cualquier cosa, sí haya que desplazarse en el plano de las ideas y de los recuerdos. Así, proyecto una idea, esbozo un esquema, una especie de estructura, un mapa de ruta que hasta yo misma creo que voy a seguir. Divido las ideas en capítulos, con su salto de página, con un título que solo tal vez conserve. Escribo, recorto, desplazo y edito.

Mientras redacto estas líneas, que en realidad no son estas mismas, sino unas parecidas que las precedieron y que cuando las dé por terminadas serán otra cosa, escucho a Lucy Dacus. Su música me saca de los muros de mi casa y me lleva a ese lugar que en mi mente infantojuvenil de provincias era el futuro y que hoy sería un presente que nunca he llegado a vivir. Ese futuro que me invade es un lugar lleno de promesas de que todo es posible y está por venir. Un lugar que pensaba que ya no sería capaz de invocar. Me traslado a ese retrofuturo imaginario y así, sin moverme de la silla, me proyecto en dos direcciones opuestas que una vez convivieron en un mismo espacio-tiempo para ver si así llego a algún sitio en el que merezca la pena detenerse.

Retrofuturo

El primer lugar donde se me apareció ese espacio lleno de posibilidades que llamamos futuro fue un restaurante chino.

Un restaurante chino era todo lo contrario al resto de mi ciudad. Una anomalía geográfica, aguas internacionales, suelo extraterritorial. Un restaurante chino era lo más parecido a una embajada a lo que yo tenía acceso; lo más parecido a un portal a través del cual teletransportarme a una dimensión desconocida. La música, los cuadros de cataratas que no paraban de caer, el rojo y el oro de las decoraciones me mostraban que existían otros mundos, otras realidades que no necesariamente serían como esos mismos restaurantes, pero lo que estaba claro es que tampoco eran como ningún otro sitio que yo hubiera visto antes de entrar en ellos.

En diciembre y enero te regalaban un calendario, que era como si te regalaran un año entero a estrenar. El resto del año, los regalos variaban, pero casi siempre eran un paipái plegable con unas flores o unos pájaros que parecían pintados con acuarela.

Los restaurantes chinos para mí eran China, claro, pero también eran, por extensión, ese lugar tan grande y tan misterioso al que los mayores se referían como El Extranjero. Cruzar el umbral de La Gran Muralla era como viajar a un país muy lejano, con la ventaja de que podía llegar a ese país sin marearme y volver de él sin que me diera tiempo a echar de menos mi casa.

Hace mucho que no frecuento esos restaurantes de mi ciudad natal, pero siempre, en todas las casas en las que he vivido, guardo en un cajón varios pares de palillos chinos —¿se pueden llamar pares cuando aún están unidos? ¿Siguen los palillos la lógica de las tijeras y los pantalones, la de los zapatos o ambas cosas?—. Nunca se sabe cuándo vendrán cincuenta invitados a comer *sushi* o cuándo aparecerán unos amigos con hijos con los que hacer manualidades. Tengo muchos materiales para hacer manualidades y pocos amigos con hijos.

*

El segundo lugar donde se me apareció la promesa del porvenir fue la televisión, esa ventana de luz con su propio mueble, esa cajita hacia la cual se orientaban todos los asientos mullidos del salón. La tele me enseñó que existían casas distintas a la mía, diferentes costumbres para lo que parecía que solo se podía hacer de una manera. Gracias a la tele visité lugares con paisajes increíbles, vi más de cerca las hormigas que miraba concentrada también al aire libre, entré en lujosas mansiones y en cabañas oscuras, conocí a gente mala de la que me protegía el vidrio de la pantalla y a gente buena que nunca me cruzaría en persona. Vi muchos programas que me gustaban y otros que me daban bastante lo mismo. Me dejé fascinar por el brillo y el color de los platós, de las ficciones, de los anuncios. Me preguntaba por qué en los horarios más propicios para ver la tele ponían los programas que menos me interesaban. El mundo no es un lugar amable para quienes, como yo, y desde siempre, preferimos la programación nocturna de la televisión.

«Cultura para todos, en su horario habitual de las tres de la mañana», decían Les Luthiers. Cito de memoria y pensarás: pues podrías buscarlo, que tendrás acceso a internet, digo yo, y si te pagan por escribir un libro, lo mínimo, vamos, me parece, es que investigues un poco. Pues sí, pero es que resulta que a mí no hay nada que me guste más que citar de memoria y ahora que acabamos de empezar y ni tú ni yo hemos invertido tanto tiempo en este libro, yo ya lo aviso. Cito de memoria, decía antes de que mi versión imaginaria de ti me interrumpiera, porque la memoria tiene algo mágico. La memoria conserva cómo sentimos que han ocurrido las cosas y eso para mí tiene más valor que saber cómo ocurrieron de verdad. Imagina que cuando digo de verdad dibujo unas comillas con los dedos. Unas comillas altas, no latinas. Las comillas latinas son más elegantes, más ortotipográficamente correctas, pero no es tan fácil dibujarlas con los dedos. Ni tan expresivo. Ahora podría haberlas tecleado y haberme ahorrado esta digresión, pero entonces no me habrías imaginado dibujando las comillas con los dedos, marcando con mucho énfasis que todo lo que llamamos «de verdad» es de una verdad cuestionable. Pero volvamos a la programación nocturna. Esa frase de Les Luthiers, tal y como la recuerdo, es lo que me ha inspirado a escribir este fragmento y la que me transporta a un aula de secundaria, donde una profesora, creo que de música, puede que de lengua, nos puso una cinta en la que los cómicos argentinos cantaban las hazañas de una gallina que dijo eureka. Por entonces, en aquella clase, el futuro pasaba por no tener que volver al colegio. Qué cosa más rara tenía que ser obligar a los pies a trazar un rumbo distinto al que habían seguido durante tantos años. Cambiar ese camino por otro que aún no existía y que me conduciría a un lugar que aún me era desconocido y que, seguramente, esto ya lo intuía, estuviera muy lejos. Como no podía ser de otra manera, porque lo conocí en un restaurante chino, el futuro para mí era un país extranjero. Un país que fue tomando forma en las clases de inglés.

*

Si tengo que elegir una patria —qué cosa más rancia—, me quedo con las clases de inglés: un espacio de posibilidad e internacionalismo en el que siempre me he sentido más en casa que en mi propia ciudad natal. Las cosas más importantes de la vida, las que sirven para alimentar conversaciones, las he aprendido allí, como que Juan Pablo II llevaba unas Doc Martens de color blanco o vete tú a saber qué sinfín de datos de los que cuelo a diario, sin contrastar, cuando hablo con cualquiera que se atreva a tomarme en serio.

La primera palabra inglesa que tengo el recuerdo de aprender es *horse*. No fue la primera palabra que aprendí, claro, sino la primera que soy consciente de haber aprendido. La recuerdo porque pensé que no la memorizaría nunca. Tenía más letras que *dog* y *cat* y no se pronunciaba como se escribía, con su hache aspirada y su e muda. Después de esa palabra aprendí otras más difíciles, muchas de las cuales se parecían entre ellas y eran, a la vez, totalmente distintas a cualquier otra palabra que me hubiera rozado antes la lengua y el paladar. Palabras que muchas veces describían realidades que yo solo había visto en la tele o en el cine o en los libros. *Backyard*, por ejemplo, que se compone de *back* y de *yard*, y por lo tanto es la yarda de atrás, es decir, el patio o jardín trasero, lo que nos lleva a suponer que no es el único patio o jardín que puede tener una casa. Parecía, o eso nos hacían pensar los libros de texto, que todos los ingleses tenían uno y qué raro se me hacía que gente normal y corriente viviera sola con su familia y con su perro en un edificio que tenía, al menos, un trocito de césped o de espacio abierto detrás. Por entonces me daba pena esa gente que no vivía en la ciudad, pero tampoco en el campo. Que estaba atrapada —eso me parecía— en un limbo intermedio que en mi ciudad de provincias, al menos por entonces, no existía. Que dependía del coche o de un autobús escolar que en mi imaginación tan colonizada era siempre amarillo.

En clase de inglés y más tarde en la vida, aprendí la eficiencia del verbo *to pack*, que lo mismo sirve para hacer las maletas que para hacer cajas. Todo español que haya estado en un contexto de habla inglesa acaba diciendo empacar, como ya se hace en Latinoamérica con la naturalidad y la soltura de quienes usan la lengua como la herramienta viva que es. Muchas veces se dice que el inglés es una lengua muy flexible, muy creativa o, como dicen los lingüistas, muy productiva, que no es más que un término técnico para decir que un idioma tiene la capacidad de crear nuevas palabras. Se dice eso porque es cierto y, sin embargo, un hispanohablante se da de bruces enseguida con que en inglés la gente vive tan campante con un solo verbo para ser y estar, con una sola palabra para cosas que para nosotros son tan distintas como una versión, una funda, una excusa y un refugio.

Luego también está el problema contrario. Qué se puede esperar de esa gente para quien los dedos de los pies son una cosa y los de las manos otra completamente distinta, que no establecen un paralelismo entre el remate de las manos y el de los pies, como si las personas no fuéramos primates, como si las uñas fueran una cosa que pudiera crecer en cualquier sitio y no una parte identitaria de la *dedez*. Se nota, además, que no han conocido a mi amiga Lucía, que cuando menos te lo esperas te arrea un pellizco con los *toes* que nadie se creería que no ha sido con los *fingers*.

Las clases de inglés me abrieron la puerta a aprender otras lenguas extranjeras y mucho tiempo después, aunque no de una forma tan directa, a enseñar mi propia lengua a personas que hablaban esos idiomas que había aprendido yo y otros que a veces ni sabía cómo sonaban. Una vez tuve una alumna que se llamaba Liana y me llevé una sorpresa al darme cuenta de que, al conocerla, no había reparado de inmediato en lo de Tarzán, en ese descolgarse de un árbol a otro que me habría evocado su nombre antes de aprender palabras distintas para llamar a una misma cosa, antes de aceptar con total naturalidad que una misma combinación de palabras pueda significar cosas distintas según el idioma o según el contexto. Hay mujeres que se llaman Tilde y, aunque hace unos años habría sido impensable no hacerlo, ya no me las imagino inclinadas en la dirección en la que avanza el texto, saltando encima de una vocal. Poco a poco, sin darme cuenta y contra todo pronóstico, me he convertido en una persona cosmopolita y plurilingüe y ya es tarde para ese tipo de asociaciones automáticas, lo cual muchas veces es una pena. En la carrera tuve una profesora que nos decía que los traductores no somos hablantes normales, que no pasa nada y que no tiene remedio, pero que tenemos que estar atentos y sospechar de todo lo que escribimos. Y eso hago. Obsesivamente.

Cuaderno de viajes

Pienso que para escribir un libro de viajes tengo que tener un cuaderno de viajes. Tal vez, cuando escribimos uno de esos cuadernos, lo que queremos es regalarnos una vida acotada, un espacio para ser quienes seríamos si no tuviéramos que trabajar, si viviéramos otras vidas, lejos de la rutina en la que a la fuerza nos acabamos enredando. Lo mismo ocurre con cualquier proyecto creativo. Un cuadro, una película, un libro son un cuaderno de viajes de un periodo determinado de la vida, en los que conservamos solo aquello que queremos que perdure, aunque no se lo vayamos a enseñar a nadie.

Me encanta ver los cuadernos de los demás, de personas vivas y muertas, en cafeterías, en la calle, en las redes, en mercadillos, en los museos, dentro o fuera de una vitrina. Varias veces he intentado llevar un cuaderno conmigo a todas partes, y llevarlo, lo llevo, pero la gracia sería escribir en él y esa parte me cuesta un poco más. Me pasa lo mismo con las agendas. Todos los años me compro una, y con ella el propósito de ser más organizada, de convertirme en una de esas personas que planean cosas, que cumplen con horarios y rutinas, que se acuerdan de los cumpleaños de la gente y de los lugares y fechas en las que ocurrirán cosas que en principio le interesan. Todos los años dejo la agenda medio en blanco con la promesa de reutilizarla como cuaderno, de buscarle otra utilidad.

Con ese mismo optimismo, el otro día me compré unas acuarelas sueltas y un pincel de bolsillo. Siempre he querido ser una persona que lleva acuarelas en una lata que antes servía para otra cosa y soy una persona que afronta los propósitos desde lo estético. Las pocas veces que he conseguido llevar un cuaderno de viajes, llevarlo conmigo y llevarlo como se lleva un diario, ha sido cuando he viajado lejos de casa. No tengo un cuaderno de mis viajes a Barcelona, a Cantabria o a Benavides de Órbigo, pero sí de las veces que he estado en París, en Londres, en Nueva York o en Buenos Aires. Qué cosa más antigua y más poco cosmopolita considerar importante solo lo ajeno, pienso ahora, y así siento que soy un poco menos provinciana y que a la vez, qué paradoja, lo soy más, y mira qué suerte.

Hablo de viajes a lugares lejanos y omito (y omitiré) conscientemente la palabra periplo, porque me resulta muy antipática. Sé que con esto cosecharé enemistades, pero lo bueno de escribir un libro es que puedes dar tu opinión y ahorrarte la reacción de quien la lee, al menos en tiempo real. La palabra periplo, decía, me resulta muy antipática. Casi tanto como serendipia, resiliencia, petricor. Se usa demasiado para lo escasas que son las ocasiones en las que de verdad podría utilizarse y me resulta grandilocuente, desproporcionada, un alarde de quien la pronuncia para demostrar que tiene mucho vocabulario y que ha leído muchos libros. A veces, por terminar de exagerar, me da la impresión de que a quienes usan la palabra periplo con la misma frecuencia con la que yo uso la palabra viaje les encantaría poder pasearse en toga por la vida. Mis palabras preferidas son aquellas que nunca decorarían las paredes de un piso turístico. Palabras que puedes decir muchas veces a lo largo de un mismo día y no solo cuando alguien te pregunta cuál es tu palabra favorita. Palabras con las que llenarse la boca como con un polvorón, palabras lo suficientemente específicas como para que nos entendamos con ellas y, al mismo tiempo, lo suficientemente genéricas como para que no tengamos que usarlas solo en ocasiones especiales. Palabras que nunca saldrían en una lista de las cuarenta palabras más bellas del español.

*

El verano de 2008 fui a Nueva York. Nunca había estado allí antes y sin embargo todo me resultaba conocido, porque lo había visto en la tele, porque me había proyectado en esas calles, en esos parques, en esas canchas de baloncesto que a veces se asoman entre cuatro bloques de edificios, en medio de un par de árboles con al menos dos ardillas de guardia. A ese viaje me llevé un cuaderno de cartoné y hojas en blanco de Miquelrius para dar rienda suelta a mis aspiraciones de artista bohemia. Hice varios dibujos y pegué algunos papeles de cosas que entonces me hicieron gracia y que ahora ya no recuerdo de dónde salieron.

Cuando empiezo un cuaderno estilizo mi letra, ya de por sí bastante esmerada, como si quisiera aprovechar la hoja en blanco para ser una persona distinta, más cuidadosa, más elegante. Pocas veces he conseguido acabar un cuaderno entero. Me puede la tentación de empezar uno nuevo o de escribir en hojas sueltas aquello que no considero que sea lo bastante importante para que quede cosido, grapado o encolado junto a otras ideas. Una vez escribí un poema en prosa sobre esos días que pasé en Nueva York con mi amigo Carlos. Rescato un fragmento, no sin cierto apuro:

> Cuando fuimos a Coney Island era de noche y yo pensé que ya había estado en ese tren una vez en sueños. Después pensé que qué típico eso de pensar que he estado en un sitio en sueños, que es lo mismo que querer atribuirme el mérito de un lugar que existe sin que yo me lo invente.
>
> Cuando fuimos a Coney Island yo tenía 22 años, tú tenías 22 años, teníamos 22 años y estábamos lejos de casa a la misma distancia, porque tu casa y la mía casi se solapan en el espacio y qué suerte, pensé, qué suerte ser de un mismo lugar, de un lugar tan pequeño que resulta improbable que nadie sea de allí y sin embargo de allí somos nosotros.

Cuanto más viajo más me doy cuenta de lo definitorio que es para mí haber nacido y crecido en una ciudad de provincias. Ser de una ciudad pequeña, o mediana, según se mire, ha condicionado mi forma de percibir la distancia, la proporción y la escala de las cosas. Me ha hecho ser siempre muy consciente de mí misma, de lo que digo, de lo que hago, de cómo me comporto en público. También me ha situado en una periferia que siempre mira hacia afuera, que, a diferencia de las capitales, no deja nunca de tener presente que existe un afuera aun cuando se mira al ombligo.

Los textos que se desarrollan en lugares pequeños nos dan un sentimiento de pertenencia a la gente que en algún momento los hemos habitado. Todos conocemos Nueva York aunque nunca hayamos estado allí. Pero ¿quién conoce el pueblo de tus abuelos, tu ciudad de provincias? Necesitamos más relatos de lugares medianos y pequeños. Lo mismo ocurre con las lenguas. A un hablante nativo de inglés no le sorprende poder comunicarse en su idioma con gente extranjera; es más, es algo que por norma general da por supuesto. Sin embargo, los hablantes de cualquier lengua minoritaria escucharán con atención e incredulidad a cualquier persona que muestre el más mínimo interés hacia ella.

De pequeña percibía León como la medida de todas las cosas. España no sabía lo que era, sigo sin saberlo, pero entonces intuía que tenía algo que ver con mi ciudad. Sería un pueblo.

Si me preguntan ahora, para dibujar el escudo de España solo me harían falta una espiga y una amapola y puede que un chopo. Tal vez también un olivo, una vaca, una montaña, un bar y una playa soleada. Un par de nubes, por qué no, una naranja, un puñado de alubias y una pandereta. Lo que me sobraría, desde luego, es la corona, y en eso estaríamos de acuerdo los españoles de la España de ese escudo que me invento. Si me lo llegan a preguntar de pequeña, habría dicho otra cosa, claro, y así lo atestiguan mis dibujos. A los seis años quería que el símbolo de España fuera un panda o tal vez un dragón. Quería, sin saberlo, que España fuera China, porque China es un país que está muy presente en la infancia. Porque China, ya lo he dicho antes, es donde empieza el futuro. Dibujo el mapa de España a mano alzada. Dibujo también Portugal y unas gafas de sol a la altura de Oporto que se apoyan en una nariz que termina en Lisboa.

*

Mi infancia son imágenes en movimiento que suenan como un cinematógrafo antiguo, porque así funciona a veces la memoria. Si ahora tuviera que escribir un diario de infancia, sería algo así:

1990. La palabra «hola» es un ladrillo visto por el lado más corto, con sus seis tubitos de aire. La gente me saluda y la palabra hola se transforma en la imagen de un ladrillo de un brillante rojo anaranjado que se aparece flotando frente a mí. Nadie me ha explicado lo que es la sinestesia. Tengo cuatro años y entonces no sé que ese será uno de mis primeros recuerdos, al menos uno de los que son solo míos, de los que no están fabricados por fotografías ni por relatos de otros, porque nunca se lo he contado a nadie.

1991. Tengo cinco años. Hay una niña en mi clase que se empeña en arrancar padrastros ajenos. No me acuerdo de su nombre ni de su aspecto, solo recuerdo huir despavorida, correr por la moqueta del aula de preescolar con los puñitos cerrados y el pulgar escondido dentro. Un par de cursos más arriba hay una niña que se come los chicles pegados en cualquier superficie, lo mismo le da silla que suelo que pared. La veo en el patio y me da un poco de miedo. Todavía no tengo ni edad ni experiencia para saber que la gente mayor no siempre es más sabia y, aunque sospecho que no tiene por qué ser así, aunque intuyo que esa niña no está bien, a veces creo que cuando tenga siete años ese será mi destino. Y no quiero crecer.

1995. Tengo nueve años. Mi mejor amiga de entonces y yo estamos viendo *La historia interminable* en su casa. Sus padres le han regalado una máquina de hacer palomitas y siento en los labios ese cosquilleo tan característico que genera el exceso de sal. Compadezco a Bastian, con esa manzana y ese bocadillo que tiene que racionar mientras duren la tormenta y la lectura del libro que se ha llevado de la tienda del señor Koreander, y a la vez me da envidia, porque siempre me ha atraído esa frugalidad monacal y ese poder estar sola en un cuartito, con una manta, una vela, un libro y la certeza de que nadie va a interrumpirte. Vamos por la parte en la que, antes de visitar a la vieja Morla, Ártax, el caballo de Atreyu, muere al hundirse en el pantano de la Tristeza. Justo en ese momento, entra la madre de mi amiga con unos bocadillos de nocilla. Todavía estamos en esa edad en la que la merienda dura lo mismo que una comida de empresa.

Como todos los niños de mi generación, siento fascinación por las arenas movedizas, que a la vez me producen un insondable terror. Consciente de nuestra angustia sin que tengamos siquiera que comunicársela, la madre de mi amiga nos dice que no tengamos miedo de eso, que nosotras las arenas movedizas no las vamos a ver nunca en la vida. Lejos de tranquilizarme, ese comentario bienintencionado me sume en el mismo pantano en el que frente a mí se hunde Ártax. Vivo la certeza con la que esa madre, esa persona adulta de referencia, nos dice que jamás vamos a ver arenas movedizas como una maldición, una sentencia inapelable que nos aboca a no conocer nunca nada distinto a lo que ya conocemos.

Cada vez que visito un nuevo paisaje me acuerdo de la madre de mi amiga, y me acuerdo de ella con rabia, como si todo lo que hago lo hiciera para demostrarle lo equivocada que estaba. En el fondo debería estarle agradecida. De no ser por ella, puede que ahora estuviera en mi casa, en mi ciudad natal, comiendo palomitas y hundiéndome en ese pantano de Fantasia. Las arenas movedizas están en muchas partes, muchas veces más cerca de lo que pensamos, y esas, me gustaría decirle ahora a esa antigua adulta de referencia, son las más peligrosas, porque están ahí aunque no las podamos ver.

1996. Los cuentos no riman, me dijo la profe de lengua. Lo que rima son las poesías. Decía poesías, no poemas. Y decía que los cuentos no rimaban y yo había leído cuentos que rimaban y en el libro de texto había ejercicios que también rimaban y no eran poesías.

> Cuando María leía, todo el mundo se reía y cuando hablaba Ava, todo el mundo se callaba.

Si te llamas María es difícil que algo no rime contigo. Casi nadie se llama Ava, por suerte, qué trajín estar todo el día rimando con los pretéritos imperfectos de los verbos de la primera conjugación. Mi nombre también rima con muchas cosas, claro, algunas ofensivas, como todos los nombres, si se tiene un poco de ingenio y de mala baba. Mala baba también rima con Ava. Menuda tontería rima con María.

1997. Una compañera me señala y se echa a reír, con esa risa que solo tienen los niños bobos que se creen listos, esos niños que están destinados a convertirse en adultos aún más bobos, porque no han aprovechado los años para aprender nada, parapetados en esa seguridad infantil de saberlo todo. «El rosa y el naranja no pegan, idiota». Me llama idiota como si ella misma hubiera inventado la teoría del color y yo no pudiera cuestionarle nada. Aprieto el lápiz naranja con tanta fuerza que se le parte la punta.

1998. Recuerdo con todo detalle cómo el padre de Marta se tira por un tobogán vertical que desemboca en una piscina de bolas. Ese día aprendí que a veces los sueños y los recuerdos son todo una misma cosa.

1999. En Antena 3 canta una niña vestida de Pocahontas. Tengo trece años. Ella, quince. Es una niña mayor, una persona casi adulta vestida de princesa Disney que compite con un montón de señores en miniatura que parecen sus hijos y a la vez sus padres. ¿Qué habrá sido de esos niños? ¿Conservarán el vídeo de su actuación? ¿Lo habrán llevado a una tienda para que se lo pasen a DVD? ¿Lo habrán subido a la nube? ¿A una cuenta de YouTube? ¿Tendrán sus abuelas una foto suya con el presentador al lado, como si fuera un miembro más de la familia?

2000. El futuro ya está aquí, pero yo solo tengo 13 años. No estoy preparada para el futuro. Sobre todo no para este. No me interesa el año dos mil. No me interesa el nuevo milenio. No me interesa comprobar si de verdad este nuevo siglo metalizado va a empezar con el apagón general de todos los electrodomésticos.

En 2003 me fui a vivir a Noruega. La primera vez que oí hablar de Oslo fue en boca de un señor que había coincidido en un viaje con mis padres. Un señor que solo he visto esa vez y al que siempre recordaré por haber puesto en mis oídos la capital de Noruega, con ese nombre tan redondo que es lo único que recuerdo de aquella conversación.

Unos años antes, vino de intercambio a mi casa un chico danés. Cuando conté en clase que teníamos un danés en casa, mis amigos se imaginaron un perro muy grande. A veces me parece recordar que eso fue lo que de verdad ocurrió.

Los años que siguen a estos ya ni siquiera me parecen pasado y tal vez por eso los recuerdo peor. El futuro, confirmé al subirme sola a aquel avión, era un país extranjero.

El Extranjero

Cuando de pequeña oía frases como «vive en el extranjero» o «se fue a vivir al extranjero» o «ha viajado mucho al extranjero», me imaginaba ese extranjero con mayúscula. El Extranjero era un país grandísimo y moderno donde todo era distinto y mejor. El Extranjero no siempre era China, pero se le parecía mucho: enorme, misterioso y lleno de gente desconocida entre la que de vez en cuando asomaba algún que otro conocido de los adultos que me rodeaban.

No recuerdo cuál fue la primera vez que viajé al Extranjero, porque creo que en un mismo verano de hace ya muchísimos años estuve en Francia y en Portugal y no estoy segura de cuál de los viajes llegó antes. A los dos sitios fuimos en coche. El plural no es mayestático, sino familiar. En ambos sitios recuerdo pasar muchísimo calor. De Francia recuerdo ver un periquito en las vías del metro y beber zumo de pomelo. De Portugal recuerdo beber miel a morro de un osito de plástico con un sombrero amarillo y que me riñeran por quitarme la camiseta en un supermercado. Tendría unos seis o siete años y al parecer ya era demasiado mayor para ir enseñando la pechuga en público. Todas estas cosas podrían haberme pasado en mi casa, pero me pasaron en El Extranjero y estoy convencida de que solo por eso las recuerdo. Seguro que ninguno de los Ministerios de Turismo de esos países vecinos querría que alguien los recordara por unos detalles tan triviales, pero así son las cosas a veces. De mi primer viaje a Londres, años después, recuerdo, sobre todo, vomitar en la alfombra de la recepción del hotel el chocolate a la taza RAM que había desayunado en mi casa. También ver a una señora con burka, aunque por entonces no sabía que esa prenda tenía ese nombre y que esa mujer no era la única en el mundo que lo llevaba. Esos dos hechos no están relacionados aunque los recuerde juntos.

Lo primero que aprendí cuando yo misma me fui a vivir al Extranjero es que la mayor parte de la gente vive feliz en la ignorancia de lo que a mí me resulta cotidiano y que, a cambio, yo también desconozco lo que le resulta de lo más común al resto, mira tú qué obviedad y sin embargo.

Cosas que se hacen en El Extranjero y no en mi casa:

- Poner el pan en el plato y no en la mesa.
- Comer sin mantel.
- Desconocer la realidad que denomina la palabra embozo.
- Cenar a la hora de la merienda.
- Desconocer la realidad que denomina la palabra merienda.
- Salir a la calle cuando llueve y no darle especial importancia al hecho de que, otra vez, está lloviendo.
- Devolver las botellas a los supermercados como quien vive a mediados del siglo XX y lleva los envases vacíos al colmado.
- Devolver las botellas a los supermercados como quien vive en el futuro y lleva los envases vacíos al colmado.
- Desconocer la existencia de la sábana encimera.
- Desconocer uno de nuestros inventos más célebres en su forma original: la fregona, con su compañero inseparable: el cubo con escurridor.

- Obviar la existencia de la lejía y del amoniaco para la limpieza del hogar.
- Hacer caso a los invitados cuando dicen, aunque sea por modales aprendidos, que no quieren repetir.

El Extranjero es ese sitio donde, cualquier español que se precie lo sabe, se come muy mal y no hay de nada. Tengo dos anécdotas culinarias que dan fe de ello.

La primera vez que fui a casa de los padres de una amiga extranjera, la madre me preguntó muy amable qué comida echaba de menos. Creyendo que sería por curiosidad antropológica, le dije que los huevos fritos con patatas. A lo que me refería, claro, era a los huevos con puntilla de mi abuela Isabel. Esa noche, en mi plato, apareció un huevo a la plancha, con la yema recocida. Nunca un gesto de amor me ha dado tanta tristeza.

Otra vez recibí en El Extranjero un paquete en el que, entre otras cosas que tenían por propósito que yo no muriera de hambre, había un sobre de lomo con una pegatina que ponía «hecho aquí». Sacado del contexto para el que se diseñó, la pegatina perdía todo el sentido. Se nota que los fabricantes de embutido loncheado no tienen hijos en El Extranjero, o que tienen mejores cosas en las que pensar que en diseñar unas etiquetas que cambien el «aquí» por un «allí» al pasar por la aduana, para satisfacer a tiquismiquis como yo. Además, desde que España es parte de la Unión Europea, ese «aquí» puede significar casi cualquier cosa, y la verdad es que un «aquí» resulta mucho más neutro, amistoso y sencillo que un «en algún país europeo». Hay que ver lo que puede ocultar o maquillar una palabra tan corta.

Sin embargo, quienes salen al Extranjero e incluso se instalan allí de manera indefinida y hasta se abren una cuenta bancaria y tienen una dirección a la que les llegan las cartas (a veces) y un supermercado de confianza suelen darse cuenta de que en El Extranjero también hay cosas que «aquí» nos faltan, y no siempre se come tan mal. Cuando vives cosas malas, puedes achacarlas a que en El Extranjero son así, y entonces, como por encanto, esas vivencias negativas te son ajenas. Lo bueno, sin embargo, se disfruta con el entusiasmo y la novedad de quien descubre otra forma de hacer las cosas. En nuestro país de origen, por el contrario, y esta es mi experiencia, las cosas malas no pueden verse desde fuera, porque de alguna manera eso también es lo que somos. Hay una frase que dijo Dora García en una entrevista que representa muchísimo esto que siento: «Históricamente España es machista, prepotente, caciquista, ignorante, reaccionaria, meapilas, saqueadora, envidiosa, irresponsable, clasista, cegata, inmovilista, cateta, resignada, necia, conservadora, nacionalista, tonta. Pero yo soy de aquí». Ese aquí que demuestra que tanto Dora como yo vivimos en ese país que a veces nos entristece tanto, pero del que resulta que somos nosotras, me parece especialmente revelador. Yo creo que nunca podré estar del todo a gusto en España, pero, aunque lo he intentado y lo intento cada día, la realidad es que tampoco sé ser de otro sitio.

*

En 2010 hice prácticas de cómo sería mudarme a Madrid. Por entonces yo vivía en Berlín, una ciudad mucho más grande y cosmopolita, con una oferta cultural abrumadora y un peso histórico que me agobiaba y me inquietaba a ratos y en otras ocasiones (o incluso simultáneamente) me resultaba fascinante; una ciudad llena de espacios verdes y de mercadillos de segunda mano, cuyos inviernos inhóspitos no me impedían pasear durante horas por la calle, como quien sale a caminar por la playa cuando llueve. No tenía ninguna intención de volver a instalarme en España, pero había conseguido un trabajo de un par de días como azafata de congresos, así que me subí a un avión y me fui. Me prestaron una Blackberry, me dieron un pañuelo corporativo a modo de uniforme y me asignaron una conductora, que era militar. Mi trabajo consistía en acompañar a medianos y pequeños cargos europeos del aeropuerto a sus respectivas reuniones, darles la bienvenida y un poco de conversación, y después esperar a que salieran, por si pudieran necesitar cualquier cosa. Muchas veces los recibían con bandejas de jamón ibérico y yo tenía que quedarme quietecita y sonriente con mis compañeras, porque no quedaba fino que nos pusiéramos tibias a jamón del bueno. Creo que se deduce de mis palabras que no fue el trabajo de mi vida. Todavía sueño con ese jamón a veces. El caso es que yo iba a estar en Madrid unos cinco días y acabé quedándome dos semanas por culpa de un giro inesperado de los acontecimientos: un volcán en Islandia, de nombre Eyjafjallajökull. Gracias a esa ceniza en suspensión que paralizó Europa, pude pasar en Madrid más tiempo del que había pasado nunca, pasear por las calles y conectar una zona de la ciudad con otra, algo que hasta entonces solo había hecho por debajo de la tierra.

En esos días inesperados en los que fui madrileña de adopción, miraba incesantemente el mapa de Europa, vacío de vuelos, y no sé si me sorprendía más esa ausencia o la comparativa con las imágenes que muestran la cantidad de aviones que sobrevuelan ese trocito del mundo todos los días, cuando los volcanes están tranquilos llevando la procesión por dentro. El mundo visto desde arriba parece un lugar totalmente distinto. Con el Polo Norte en el centro, las fronteras se vuelven aún más absurdas de lo habitual. Recuerdo cuando Sarah Palin decía que desde su casa en Alaska podía ver Rusia. La gente se reía y, sin embargo, en los mapas del Ártico el calibre del disparate disminuye considerablemente, al menos en apariencia. Lo que es la perspectiva. Me acuerdo mucho de cuando una chica de Tarifa me dijo que cómo no había ido nunca a Marruecos, si solo estaba a catorce kilómetros. Tardó un buen rato en darse cuenta de que la distancia se mide con respecto a un punto determinado y que ese punto del que ella partía estaba más lejos de mi casa que el supermercado de Lisboa donde me llamaron a la decencia y, desde luego, mucho más lejos de lo que estaba su casa de ese otro país vecino que yo no había visitado nunca. Casi veinte años más tarde, sigo sin haber ido a Marruecos. Me pregunto si ella habrá estado alguna vez en Villaturiel o en Santibáñez de Porma.

Otra imagen que tengo grabada de esos días de 2010 (y es inventada porque solo la vi expresada con palabras) es la de aquellos taxistas que recorrieron el continente para llevar a algún que otro ejecutivo varado a su lugar de trabajo. Carreras infinitas, ingresos inesperados, aventuras que contar en un futuro. Me imagino las conversaciones, los silencios, los pitidos de la radio que se desintoniza al cruzar las líneas imaginarias que separan unos lugares de otros.

Cuaderno de bitácora

Me encanta el mar, lo que es y lo que representa. Me gustan su anchura, su olor, su sonido, los misterios reales e imaginarios que encierra, lo que nos muestra y lo que nos esconde.

El verano que trabajé en la recepción del Museo de la Pesca de Bergen, en los descansos me imaginaba que ese precioso edificio, un palafito que clavaba sus pilotes en el fiordo, era mi casa, y me paseaba por las salas como su dueña y señora, pensando dónde situaría mi dormitorio y dónde un despachito en el que poder leer y escribir. En mis paseos por mis dominios, siempre me detenía a ver el mismo vídeo, un documental muy corto en el que tres generaciones de pescadores hablaban de su profesión, que les encantaba, y de los miedos que no le habían confesado nunca a nadie. Esos miedos se encerraban en uno: se mareaban muchísimo. Todos se lo ocultaron a sus padres y a sus hijos. Todos vomitaban en secreto y creían que se acostumbrarían. Ninguno de los tres se acostumbró nunca, pero no por ello dejaron de adorar su trabajo. Yo me he mareado en un *ferry* y también en una canoa, con el remo en la mano. No creo que pudiera soportar una tormenta en alta mar, por mucho que me atraiga la idea. Por suerte soy de secano y no tengo ancestros pescadores a los que honrar, así que puedo ahorrarme el mal rato y vivir todas esas aventuras maravillosas que me imagino desde la seguridad de mi hogar, que en mi cabeza siempre es más grande y más bonito y tiene mejores vistas.

Para ir del Museo de la Pesca al Museo Hanseático de Bergen, dos museos pequeñitos con distinto nombre pero que pertenecen a una misma institución, se podía hacer uso de Beffen, el adorable barquito rojo que forma parte de la red de transporte municipal. El billete de ida y vuelta estaba incluido en el precio de la entrada y como yo trabajaba allí, bastaba con enseñar mi tarjeta de empleada para poder dar un paseo de Vågen a Sandviken y viceversa. Los martes llegaban los cruceros, gigantescos y terroríficos, que se vaciaban en el puerto y, de golpe, recibíamos visitas multitudinarias en nuestro diminuto museo.

Hordas compuestas por una selección variopinta de personas que nos pedían la clave del wifi con una urgencia desmedida, como si acabaran de sobrevivir a una catástrofe y tuvieran que informar a sus seres queridos de su paradero. De haber sido ese el caso, dudo que hubieran podido hacerlo, porque no parecían tener muy claro en qué parte de Escandinavia —o de Europa— se encontraban. Durante la visita, las preguntas más comunes eran que si lo que estábamos viendo tenía algo que ver con esta o aquella cosa que existía en su país de origen. Lo que más les interesaba a los turistas no era aquello que les resultaba ajeno o exótico, sino lo que les confirmaba que en su cultura también tenían todo lo que en este museo se destacaba como especial o propio del lugar y la época en los que estaban enmarcados los objetos que allí se exponían. No los culpo. A veces yo también quiero viajar para hacer exactamente lo mismo que todos los días, pero en otra casa. Dar paseos idénticos por lugares distintos, llevar la misma ropa de siempre en otros escenarios, moverme con el mismo cuerpo por otras superficies. Jugar a ser otra persona siendo exactamente la misma.

*

Cuando tenía trece o catorce años, mi madre nos llevó a mi hermana y a mí a un viaje organizado a Egipto. Yo estaba emocionadísima, porque a esa edad todo el mundo sueña con ser egiptólogo y yo no era ninguna excepción. Me llevé un cuaderno en el que copiaba jeroglíficos y hacía fichas de los dioses, dibujaba vasos canopes, escarabajos y pirámides. Fuimos en agosto y hacía unos cincuenta grados a la sombra. Es un orgullo y una vergüenza reconocer que, a pesar de la difícil competencia que suponía el sol, quien tenía absolutamente frito a nuestro guía Mustafa era yo, con mi batería interminable de preguntas. El viaje consistía en un crucero por el Nilo, con paradas en varios lugares de interés turístico a horarios de baja demanda y altísimas temperaturas. Yo me sentía como una exploradora de otra época asomándome a la cubierta de nuestro barquito con mi sombrero de paja. Si piensas en la palabra crucero, lo más seguro es que te imagines un barco enorme, un inmenso centro comercial flotante, pero nuestro así llamado crucero era minúsculo. Tendría unos quince camarotes y una piscina en la que cabían dos personas de pie y un montón de insectos muertos flotando. Se llamaba La Belle Époque. Cuando nos perdimos en nuestro único día libre en El Cairo y preguntamos en otro barco por el nuestro, un recepcionista le susurró a su compañero «sí, uno muy malo» y nos indicó cómo llegar a él, para lo cual teníamos que atravesar una fila interminable de barcos, atracados uno junto al otro, de mayor a menor calidad.

En aquel crucero por el Nilo del verano de 1999, un año que según lo escribo me resulta inverosímil, viajaba también una chica que yo estaba convencida de que había presentado un programa de viajes que alguna vez había visto con mi hermana en Discovery Channel. La sola presencia de esa chica, que seguramente nada tuviera que ver con aquella presentadora, me hizo sentir que aquel viaje organizado era especial, porque si no qué motivos tendría una persona tan aventurera y con tanta experiencia para haberlo escogido. Me imaginaba qué estaría escribiendo en su diario, porque seguro que tenía uno, y la miraba con admiración. Nunca me atreví a preguntarle nada, porque no quería afrontar la timidez que me daba hacerlo, pero también para no romper ese halo de heroicidad con el que yo misma la había rodeado. Hasta ese momento, salvo las misioneras, Carmen Sandiego y Fifi, una amiga de mi madre que había estado en Hong Kong, un lugar que me parecía de mentira, con ese nombre tan increíble, pero que sabía que era real, porque Fifi me había traído de allí un regalo que aún conservo, todos los grandes viajeros que conocía eran hombres, y no me sobraban los referentes. Por suerte o por desgracia, ahora existe Instagram, un cuaderno de bitácora moderno y también una interminable feria de las vanidades llena de mujeres viajeras. Mi amiga Tania está en Japón. Lo sé porque me lo ha contado y lo recuerdo porque acabo de ver las fotos que se cuelan entre imágenes variopintas que ahora llamamos contenido. Mi amiga Tania podría estar en el lugar más inmundo de la tierra y sería capaz de encontrar el musgo más bello, la mejor piedra, la brizna de hierba perfecta, la nube más esponjosa que nadie haya visto nunca. Pero el caso es que ahora está en Japón, y como la frase anterior no es ninguna hipérbole, imagínate lo preciosas que son esas fotos que acabo de ver, la cantidad de detalles insólitos ocultos entre un exceso de cosas bonitas que no he visto nunca y en los que ahora puedo fijarme gracias a ella, a miles de kilómetros de distancia. Miro las fotos como miraría los objetos de un gabinete de curiosidades, de un museo en el que se conservan cosas de un mundo que es este y al mismo tiempo es otro.

Los museos

Quién no se ha sentido alguna vez, paseando por un museo, una parte indispensable de la colección, una obra de arte, una instalación que se mueve y se refleja en el cristal de cuadros y vitrinas, en los ventanales que nos muestran la ciudad como una pieza más de la colección. No sé por qué están tan de moda las exposiciones inmersivas, cuando toda exposición lo es. De este mundo moderno, una de las cosas que más me preocupan y más me entristecen es que hayamos perdido la capacidad de asombro, que necesitemos prótesis para poder disfrutar del mundo que nos rodea, que solo nos emocionen cosas que ya están pensadas para despertarnos esa sensación que, además, ha de ser idéntica para todo el mundo. Cuando camino por las salas de un museo me interesan casi tanto las personas que se pasean por ellas como las obras que en ellas se exponen. Por ejemplo, la mujer que va conjuntada con el cuadro, la misma paleta de colores, el mismo formato achatado, el ala del sombrero que coincide con la línea del horizonte. Ese personaje en tres dimensiones que, lejos de escaparse del cuadro se funde con él. También las ya no tan adolescentes que graban el mismo bucle para colgarlo cada una por separado en su propio perfil de su red social de preferencia. Mientras paseo por las salas, hago fotos de todas estas estampas y me siento yo también artista. Siento que yo misma compongo y enmarco unas imágenes que me vienen dadas, que parecen estar ahí para eso.

Mis museos preferidos casi siempre son los de arte contemporáneo, pero también me gustan los museos de cosas pequeñitas. Mi sueño —como dice la gente que se presenta a concursos de talentos sobre cosas como grabar un disco o salir por la tele— es visitar el museo de la vida cotidiana de Ísafjörður, en Islandia. Como no sé si lo voy a cumplir, de vez en cuando entro en su página web. Es posible que todo lo que hago, todo lo que pienso y todo lo que escribo esté inspirado por la idea de ese museo, que es la vida misma.

De entre las páginas de uno de los libros que estoy leyendo ahora, *Can't and Won't*, de Lydia Davis, se me cae la entrada de uno de los últimos museos que he visitado: el Museo de la Caza y la Naturaleza de París. Sobre una vitrina de ese museo, hay una carta de Aldo Leopold, autor de una de mis frases de referencia: piensa como una montaña. La carta es un homenaje a la paloma migratoria, también conocida como paloma pasajera, una especie desaparecida. Junto a la carta hay una lámina en la que la imagen de dos palomas pasajeras aparece recortada, es decir, no aparece en absoluto. Los museos, los diarios, los libros y las historias me gustan porque nos hablan de todo lo que ha existido, todo lo que existe y casi todo lo que podría llegar a existir.

A vista de pájaro

Una vez, por mi cumpleaños o una de esas ocasiones en las que alguien con poder adquisitivo hace regalos a los niños, pedí unos prismáticos. Estaba acostumbrada a que no me regalaran las cosas que pedía, pero los prismáticos me los dieron. Eran bastante portátiles y venían en una funda de polipiel gris. Me encantaban. Olían a plástico bueno, como un coche nuevo por dentro, y me permitían acercarme al ideal de exploradora que tenía en mi cabeza. Los usaría para avistar pájaros. Quería aprenderme los nombres de todas las especies que sobrevolaban el campo en el que pasaba algunos fines de semana. Después, los dibujaría en un cuaderno apaisado de tapa dura que había preparado para tal fin. En la portada aún hoy se puede leer el título, que escribí con un rotulador rojo de la marca Edding: Aves. En el interior del cuaderno hay un intento de dibujo de gorrión del que solo queda la marca de la presión de la mina del lápiz contra el papel, superviviente del paso de una goma, blanda, pero firme, por la hoja arrugada.

En todas las ocasiones que nos ofrece la vida para pedir un deseo (una pestaña desprendida, el hallazgo improbable de un trébol de cuatro hojas, soplar las velas el día que celebramos nuestro propio cumpleaños) siempre he pedido una cosa: poder volar. Ahora que lo he confesado no se cumplirá nunca, imagino, y tampoco es que sea un deseo muy original. Cada vez que viajo en avión, sobre todo si viajo sola, intento vivir la experiencia como lo que es, aunque a veces se nos olvide: una proeza increíble, el sueño de todas las personas que pisaron esta tierra y cuando soñaban que volaban en realidad nadaban en sueños, porque esa sensación de flotar era la única que conocían.

De pequeña, a veces me imaginaba sentada junto a Mary Poppins, encarnada —o envarada y entelada, mejor dicho— en su paraguas parlanchín con cabeza de loro, sobre una mullida nube del cielo de Londres. Desde allí miraba piquiabierta el paisaje que se extendía a nuestros pies. El río Támesis, con ese nombre tan de retahíla, tan de canción para saltar a la comba o jugar a las palmas, discurría allí abajo, como una culebra que corre a esconderse entre unos arbustos. Arriba, en la nube, discurría yo sobre mis cosas, como haría esa misma culebra si la evolución le hubiera regalado el tiempo y el espacio necesarios para desarrollar las cosas del pensar.

También me imaginaba tumbada en una cama con una colcha de *patchwork* en un dormitorio de una casa de Kansas, abrazada a un perrito despeluchado, dando vueltas entre un cumulonimbo y el suelo donde me esperaba Oz. Por la ventana circulaba toda la gente que entonces era importante en mi vida: la kiosquera de mi calle, el señor que vendía bollos preñaos al lado del colegio, mi profesora preferida, mi profesor más detestado, alguna amiga querida, un par de compañeras insufribles, mis peluches, que también eran personas, mi familia y algunos animales.

*

Pienso en los pájaros que recorren el mundo en verano como jubilados británicos: las aves migratorias. Pienso en la libertad de no tener que depender de un medio de transporte tan antipático como un avión para buscar tierras más amables. Pienso en el descanso tan merecido después de una travesía que me imagino agotadora y en la suerte de no conocer la pereza de tener que emprender de nuevo el viaje y alzar el vuelo.

Esta mañana, el jardín de la casa en la que me alojo amanece cubierto de plumas y huesecillos de paloma. Los huesos están muy limpios, lo que demuestra que el comensal furtivo sabe que la cosa no está para tirar comida. Las plumas plateadas se mecen con la brisa. Si se mira sin prestar demasiada atención, parece que el césped está cubierto de flores o de ceniza o de trocitos de papel albal, una instalación fortuita que sin duda tendría un gran potencial como escenario de un belén. Por la tarde, un pescador de maganos, que es como aquí se llama a los calamares, hace acopio de las plumas para fabricar moscas, porque, desde siempre y todavía, volar y flotar son casi la misma cosa.

Locus amœnus

Se está mejor en casa que en ningún sitio, decía la versión infantil de mí misma mientras entrechocaba los tacones de unos zapatos de charol que me ponía para ver mi película preferida. Se está mejor en casa que en ningún sitio, repetía y, sin embargo, me moría de ganas de no salir nunca de Oz.

Todas las historias tienen que ver con los viajes de sus protagonistas. A veces, esos viajes son al interior de sí mismos, y por eso no nos damos tanta cuenta. En mis películas favoritas de la infancia, los viajes eran reales. De Kansas a Oz, del sepia al *technicolor,* en una casa que viaja a hombros de un ciclón, como llamaban al tornado que se llevaba la casa de Dorita, que es como se llamaba Dorothy en el doblaje al castellano. En paraguas sobre el cielo de Londres. Sobre una bala de cañón, en alfombra voladora, a lomos de un dragón blanco o de un caballo triste y también a pie, sobre todo a pie, a través de los más diversos paisajes.

*

La primera vez que estuve en Estados Unidos, y decido decirlo así para hacerme la interesante, para que quien ahora lee estas palabras piense que he estado allí más veces que dos, que son las que he estado, sentí que ya lo conocía, que yo en ese sitio ya había estado antes, y en cierto modo así era, porque lo había visto muchísimas veces en pantallas de distintos tamaños y con distinto grado de nitidez. Me pregunto qué idea tendríamos de los países que no conocemos si no los hubiéramos visto en la televisión. Supongo que la misma que los pintores medievales europeos tenían de un elefante, como se puede comprobar en las disparatadas representaciones de esos animales que se basaban exclusivamente en las descripciones de personas que afirmaban haberlos tenido delante.

Igual que conocemos lugares reales, también conocemos otros que solo existen en la ficción y solo tienen la forma que hemos querido o hemos sabido darles. Espacios que a veces no tienen ni nombre, que no aparecen en los mapas ni en las guías turísticas y que, sin embargo, son importantes porque en ellos hemos vivido cosas que recordamos y a los que siempre podemos volver si encontramos un momento de calma para pensar detenidamente en ellos.

Muchas veces, en sueños, tanto dormida como despierta, visito mi *locus amœnus*. Es un lugar variable, pero algunos de sus elementos se mantienen constantes. En él siempre hay hierba y árboles y animales pequeños, como pájaros, ardillas y gatos sin dueño. Hay setas, porque siempre es otoño, y un sol que no molesta en los ojos ni en la piel. La temperatura es lo suficientemente baja para llevar una cazadora, puede que hasta un poco gruesa, pero lo suficientemente alta para poder sentarse al aire libre sin quedarse helada. Este *locus amœnus* viene invocado por una saturación de la vida cotidiana en la gran ciudad, claro, pero también por el exceso de tiempo que paso mirando por la ventana del navegador. De vez en cuando aparecen en mi pantalla imágenes de construcciones modernísimas, casi siempre a orillas de un fiordo. Estas imágenes las recogen publicaciones especializadas en arquitectura que ni siquiera sigo, pero las redes sociales son sabias. Un hotel de ensueño, una oficina única en el mundo, un restaurante submarino, un faro solitario convertido en vivienda. La soledad como objetivo deseable. El hogar como madriguera.

A partir de esas imágenes fortuitas, me he aficionado a los vídeos en los que una persona que se define como creativa —lo que en este contexto suele querer decir que tiene una empresa de, por ejemplo, papel pintado con la que gana un montón de dinero que, apilado sobre el que tenía antes su familia, le ha permitido amasar un pingüe patrimonio— muestra su casa al mundo a través de ese repositorio inabarcable que es YouTube. En mi mundo de fantasía me permito pensar que el dinero no es importante y que es totalmente realista que yo me proyecte en esos espacios.

Cuando veo una película me fijo mucho en las casas de los personajes y me imagino que tengo que vivir en ellas. No todas son igual de apetecibles ni de acogedoras, por lo que para poder instalarme en algunas de ellas tengo que hacer modificaciones, visualizar cómo y dónde encajarían mis cosas en el espacio, qué conservaría y qué no, qué partes de la casa habría que pintar o reparar, a cuántos miembros de esa idílica, horrible o neutra familia ficticia tendría que desalojar.

Mientras construyo casas imaginarias en las que refugiarme cuando sueño despierta, voy llenando el piso en el que vivo de cosas que me gustan y vaciándolo de otras que ya no me hacen ningún servicio. Me imagino a mi yo infantil visitando en sueños el espacio que ahora habito en el mundo tangible. Procuro que esa proyección astral de mí misma no quiera ni marcharse ni desalojarme de mi propia casa.

Las estaciones

En el colegio estudiábamos que el año tiene cuatro estaciones como una verdad universal que se podía aplicar a todos los lugares de ese globo terráqueo que descansaba en lo alto de una estantería. Si algo he aprendido en la vida es a olvidar casi todo lo que aprendí en el colegio.

El uno de enero de todos los años pienso en escribir un cuaderno inspirado en *Mi año* de Roald Dahl, pero luego nunca lo hago. O escribo una página a lápiz y luego la pierdo. No sé qué es peor. Si cumpliera mis propósitos, ese podría ser mi libro de viajes. Una forma de viajar es observar lo que cambia a nuestro alrededor cuando no nos movemos. Del libro de Roald Dahl siempre tengo presentes los tesoros que él tenía en el escritorio: una bola de papel de plata que hizo de niño con los envoltorios de las chocolatinas, un bebé de foca tallado en un hueso de ballena, un meteorito del tamaño de una pelota de golf, uno de sus huesos de la cadera y también la primera prótesis de metal que le pusieron para sustituirlo, una rosa del desierto, una piña de cedro, un saltamontes tallado por un lector, una caja de música y muchos otros objetos maravillosos y llenos de significado. En mi escritorio, que no es de materiales nobles y no tiene nada de especial, también he dispuesto algunos objetos que me gustan y me dan alegría e inspiración: una foquita de Playmobil que me recuerda mi pasión por los paisajes árticos; una marioneta de dedo de una señora de papel maché llamada Tibi que conservo desde la infancia; una mano en miniatura; un cuchillo de madera para niños; un pie de goma que originalmente era un sujetapuertas, pero que yo uso de pisapapeles, porque tengo debilidad por las cosas literales; un conjunto de sanandresiños, unos amuletos de miga de pan pintados de colores vivos; un trocito de loza que me encontré en una playa y que parece la calavera de un pájaro prehistórico; una piedra de esa misma playa que me regaló mi sobrino Martín; una cuchara de madera que hice yo misma en una de mis múltiples y brevísimas incursiones en el mundo de la artesanía; una serie de tubos de cartón del rollo de papel higiénico pintados como personajes de una extraña comunidad de vecinos. Desde esta mesa observo las estaciones de reojo, por la ventana que tengo a mi derecha.

INVIERNO

En inglés, el aire frío del invierno se describe con el adjetivo *crisp*, que también significa crujiente. Nunca una palabra extranjera me pareció tan acertada como la palabra *crisp* en invierno, cuando el aire cruje como crujen las hojas secas en otoño.

Como a todas las personas entusiastas de las bajas temperaturas, el frío me encanta cuando no lo paso en casa. Cuando una casa es fría, cualquier manta es fina y cualquier abrigo, escaso. La vez que más frío he pasado en mi vida fue en Barcelona. Más frío que aquel puñado de veces que, joven y aventurera, pasé la noche al raso en la montaña; más frío que la vez que, en el cumpleaños de mi amiga Mica, dormimos en un iglú. El frío y la humedad son una mala combinación. En realidad, me atrevería a asegurar que la humedad no combina bien con nada. En noruego hay un dicho sobre la ropa y el mal tiempo. Como rima, me permito traducirlo así: «El tiempo no importa nada si llevas la ropa adecuada». En Noruega aprendí a vestirme por capas y a aplicar la sabiduría gongorina del ande yo caliente y ríase la gente. Sin embargo, el invierno que pasé en Barcelona me metía en la cama con tres capas de ropa, un edredón y una manta, calcetines y gorro, como en los dibujos animados, y aun así no conseguía entrar en calor. Me dolían las manos y los pies y pensaba en todas las veces que me había burlado de la gente friolera. La venganza, en esa breve época de mi vida, se sirvió aún más fría que de costumbre.

PRIMAVERA

Cuando estaba en la universidad, una amiga que ya no tengo me grabó un CD con sonidos de la naturaleza. Ella lo usaba para meditar, porque era una adelantada a su tiempo y a su edad. Con veinte años era como una señora divorciada que hubiera viajado a la India y se hubiera encontrado a sí misma. Yo nunca he sabido abstraerme del mundo y sus tribulaciones, aunque lo he intentado, a veces incluso con muchas ganas. Ese CD yo lo usaba para añadir más ruido a mi entorno y así apaciguar el barullo de mi cabeza para poder estudiar y escribir, que para mí siempre han sido casi la misma actividad. Tuve ese CD hasta que lo perdí en una mudanza. Y no veas tú qué disgusto. ¿Cómo iba a estudiar yo ahora? ¿Cómo iba a volver a escribir? Entonces descubrí una página web que reproduce los sonidos de la lluvia, del trueno, del viento entre los árboles, y te permite combinarlos, al volumen que elijas, con una hoguera que crepita, un tren que traquetea y un pájaro que canta.

VERANO

Con el olor de la lejía se puede invocar una piscina. Con un estropajo en la mano me imagino que avanzo a grandes brazadas por una calle vacía de una piscina municipal. Si me siento más excéntrica, más rica, más generosa, puedo fantasear con que me remojo, como una bolsita de té, en una de esas piscinas infinitas que miran hacia una selva frondosa. Me gustan más las que miran a la selva que las que miran al mar, pero las del mar también me las imagino a veces, no vaya a ser que me esté perdiendo algo.

Para nadar en una piscina inventada, es preciso que el espacio que limpiemos esté bien ventilado, y que llevemos ropa que no nos importe que se destiña, porque conviene recordar que huir a un mundo de fantasía no nos protege de los peligros del mundo real.

OTOÑO

Las bayas siempre han sido algo como muy de cuento para mí, esas cosas que aprendemos de los relatos y que no están muy presentes en nuestra vida real. Empezando por el nombre genérico: bayas, que en la vida cotidiana, y con vida cotidiana quiero decir yogures, sustituimos por el mucho más poético «frutas del bosque», una amalgama en la que se encuentran las moras, las frambuesas, los arándanos y las grosellas, parecidas entre ellas en forma o en color, pero, curiosamente, nunca en las dos cosas a la vez, como las picas y los corazones de una baraja de naipes.

De pequeña fui muchas veces a coger moras, pero solo moras. Puede que también endrinas, para que la madre de alguna amiga hiciera después un orujo del que, aunque fueran los años noventa, nadie nos dio nunca a probar. En mis años en Noruega aprendí muchos nombres de bayas que no siempre tienen correspondencia en castellano, al menos no una de uso común. También aprendí los nombres de muchos otros frutos de los que nos da el bosque, como las setas. Las que se conocen como *kantareller*, una palabra cantarina tanto enunciada como escrita que viene del vocablo latino para cántaro, por su forma de copa, en castellano se llaman de muchas formas, pero mi preferida es rebozuelo. En mis excursiones al campo durante mi infancia, porque al ser de ciudad mi contacto con la naturaleza solo se daba en formato excursión, alguna vez fui a coger senderuelas y champiñones, pero por aquella época me interesaban más los pedos de lobo, sugerentes en su nombre y en el espectáculo que ofrecen a quien los pise.

Otras estaciones, aeropuertos y salas de espera

Los viajes, a diferencia de los libros (por mucho que algunos se presenten comercialmente como un puñetazo en el estómago y cosas peores), se sienten en el cuerpo. En el cuello entumecido por el traqueteo del tren, en las náuseas propias del mareo, las rozaduras en los talones y las ampollas en los dedos de los pies, el pelo más fosco de lo normal, la piel tirante o demasiado grasa, la nariz reseca, los ojos que pican. A veces, viajar tiene todos los síntomas de la alergia.

Los viajes, al igual que los libros, nos sacan de la rutina y nos recuerdan que existen otros mundos, otras maneras de hacer las cosas. A veces ese mundo de posibilidades se me aparece en las cosas de las que sé muy poco y de pronto me interesan, aunque no lo suficiente como para adentrarme en la fascinación que me produce su mera existencia. En realidad, me parece bien así, porque en el momento en que decidiera acercarme a esos ámbitos que ahora siento mágicos y misteriosos, los volvería más concretos y rompería el embrujo. Ser consciente de que existe la física, el riego por goteo, las lenguas con chasquidos consonánticos, el encaje de bolillos y la cetrería me ofrece el regalo de saber que nunca jamás voy a tener que aburrirme. Hay infinidad de cosas que aprender, podría aprender miles de cosas nuevas todos los días y no se me acabarían nunca, y eso me tranquiliza. De la misma manera, hay lugares a los que sé que no voy a ir nunca, y no me importa lo más mínimo. Me daría mucha más angustia tener la certeza de que voy a poder conocerlo todo, pasear por todas las calles, probar toda la comida, hablar con todas las personas que en el mundo son.

Hay gente que viaja para encontrarse a sí misma, y esa gente suele ser la misma que tiende a exotizar las culturas ajenas, a ver un misticismo sanador en aquellas cosas que no entiende porque desconoce por completo el contexto en el que se producen. El turismo de autoconocimiento suele darse de norte a sur, de Occidente a Oriente, de países acaudalados a países empobrecidos, y no es casualidad. Por desgracia, no he conocido nunca a una sola de esas personas que viajan para descubrir quiénes son que vuelva habiendo confirmado que su verdadero yo es una persona irremediablemente estúpida, ni una sola persona que vuelva de esos viajes avergonzada y con ganas de cambiar, aunque también es cierto que para ese viaje no harían falta alforjas.

Aunque nunca haya sido mi objetivo, yo también aprovecho los viajes para conocerme a mí misma. En mi caso ese autoconocimiento ocurre durante el trayecto, en los momentos de espera, en ese *standby* extraño durante el que tengo que recordarme que tengo que beber agua aunque no tenga sed, que tengo que comer aunque no tenga hambre, que tengo que dosificar la energía.

A veces siento que he pasado más tiempo en aeropuertos y estaciones que en el lugar de destino y a menudo confundo esos no-lugares con las salas de espera de diversos especialistas sanitarios, en especial dentistas y otorrinos, supongo que por la angustia de anticipar lo que está por venir, por las luces mortecinas y por la butaca reclinable que me acogerá al final. En los aeropuertos a menudo fantaseo con ser una persona rica y elegante, de esas que solo compran cosas de excelente calidad y se alojan en los mejores hoteles, que son aquellos que a un ojo poco entrenado le parecerían mucho más baratos de lo que son, con su diseño minimalista y su falta de brillos y lámparas de araña. Una de esas personas que siempre puede permitirse viajar en primera clase y que no tiene que cargar con sus propias maletas ni llegar sudada a los sitios. Cuando era más joven (¿es ese más acaso un deje edadista, una renuncia a acotar el fin de la juventud en una edad más temprana?) y pasaba muchas horas sola en distintos aeropuertos, no porque fuera una mujer de negocios, sino porque vivía en El Extranjero, en un sitio al que era imposible llegar con un vuelo directo, me compraba revistas pensadas para otra gente. En ellas se me intentaban vender plumas, bolígrafos y cuadernos carísimos, perfumes que alguien ha decidido que son para hombres, discretas carteras de piel y pastillas de jabón con la forma y el precio de un lingote de oro. En mi imaginación yo lo compraba todo. Ya lo había comprado en realidad, porque más que esos objetos, lo que me interesaba era la idea de ellos, su imagen, saber que existían, y eso ya lo tenía en esa revista que era bastante más asequible que lo que en ella se anunciaba y, además, ocupaba mucho menos espacio en el equipaje.

*

Me horroriza que en los aviones haya wifi, y siempre hago como que no me he enterado de que existe la posibilidad de seguir conectada en uno de los poquísimos sitios donde hasta hace muy poco el descanso de la sobreexposición a las redes era obligatorio. Apago el teléfono y aprovecho para dormir, sobre todo para dormir, pero también escucho música, o leo o escribo o miro por la ventanilla e intento abstraerme de todas las cosas que odio de volar: las turbulencias, los desconocidos impertinentes, los padres maleducados de hijos hartísimos de viajar, los olores, el aire viciado, la temperatura, incómoda por exceso o por defecto.

*

Siempre he querido escribir un libro que la gente lea en la peluquería, en un aeropuerto o en una sala de espera, ser la compañía que tantas veces he deseado tener sentada en el suelo de tantos aeropuertos, de tantas estaciones, en las butacas de tantas consultas. Cuando en la carrera los profesores nos contaban batallitas de sus trabajos en instituciones prestigiosas yo desconectaba enseguida, pero como alguien nos trajera un artículo que hubiera traducido para *Ronda Iberia* me tenía ganada para siempre. Por entonces no se me ocurría maravilla mayor que traducir titulares con juegos de palabras delirantes para que miles de pasajeros aburridos los lean mientras intentan que el tiempo pase lo más rápido posible. Puede que ahora tampoco.

De pequeña odiaba las revistas porque las asociaba con esos tiempos muertos que se pasan en lugares en los que preferirías no estar, a saber, el médico o la casa de un adulto que no tiene niño interior y, por lo tanto, vive en un lugar en el que una revista es lo más entretenido que tiene que ofrecer. Una revista sobada que ni siquiera se molesta en acompañar de unas tijeras de punta redonda, un par de folios en blanco y una barra de pegamento de la marca Pritt. Si mi niña interior viniera a mi casa, tendría un montón de libros ilustrados, juguetes, pinturas y palillos chinos con los que hacer manualidades.

*

No sé lo que hace otra gente, pero yo escojo con mucho mimo los libros que me llevo a los viajes. Digo libros pero normalmente es solo uno, porque sé que me traeré más de mi lugar de destino. El último libro que me llevé de viaje fue *Fifty Sounds*, de Polly Barton. No lo he terminado. No porque no me guste, todo lo contrario, sino porque, como me pasa con mis sitios preferidos, si la estructura del libro lo permite, me gusta dejarme siempre algún rincón para el futuro. Siempre asocio los libros a los lugares y los momentos donde los leí por primera vez. A veces, si he tenido suerte y he escogido bien, recuerdo mejor el libro que el propio viaje, lo que no dice nada en contra del viaje y lo dice todo a favor de los libros.

Las maletas

Qué invento más curioso una maleta. Un armario portátil, un caparazón, una caja de caudales, con su asa y su combinación numérica, tan distinta a los hatillos de los cuentos. He tenido muchas maletas a lo largo de mi vida. La que tengo ahora me acompaña desde hace más de una década, como atestiguan sus parches, su aspecto ajado, las manchas que ya no se quitan y que me recuerdan accidentes casi siempre relacionados con el tráfico legal de productos gastronómicos: botellas de aceite, gildas envasadas y botes de diversos encurtidos que, para mi sorpresa y alegría, nunca causaron grandes estragos en el resto del contenido de mi equipaje.

A veces tengo la impresión de que esa maleta mía ha visto más mundo que yo, y puede que sea cierto. Mi maleta ha pasado la noche conmigo en varios aeropuertos europeos, ha rodado por caminos, calles y carreteras; se ha rozado contra las esquinas de pasillos de hoteles, pisos y edificios; ha viajado a mi lado en el metro, en trenes de media y larga distancia, en maleteros de coches y autobuses y en bodegas de avión, y casi siempre ha hecho bien su trabajo: transportar sanas y salvas, de origen a destino, todas las cosas que yo decido embutir en ella. Ha estado en todos los sitios que yo he visitado y, además, ha recorrido varios aeropuertos latinoamericanos en un desvío improbable que tuvo como final feliz un ansiado reencuentro con su legítima dueña, que soy yo misma.

Las maletas se parecen mucho a una revista, un cajón de sastre en el que caben cosas diversas que en un primer vistazo se pensaría que poco o nada tienen que ver unas con otras. No en vano la palabra *magazine* y la palabra almacén comparten origen y significan lo mismo.

Se me da bien hacer el equipaje. No hay mucho donde elegir, mi armario se parece bastante al de los personajes de dibujos animados que siempre llevan la misma ropa, así que la tarea de selección suele resultarme sencilla. Además, tengo la suerte de tener los pies pequeños. Pienso mucho en esto. Donde yo meto dos pares de zapatos bien rellenos de calcetines, una persona de mayor envergadura podal solo puede permitirse encajar uno, en el mejor de los casos.

Me encanta ver vídeos de personas que preparan equipajes mínimos y enseñan al mundo unos trucos que yo ya tenía aprendidos de serie. Hay muchísimos: gente que lleva todo lo necesario para un viaje de dos semanas en una mochila, técnicas para enrollar la ropa y aprovechar al máximo el espacio disponible, consejos para doblar camisas y que se arruguen lo menos posible, ideas para distribuir el peso de una manera eficiente, organizar un neceser o preparar un equipaje de mano que nos salve de un apuro en caso de que nos pierdan la maleta. Esta última parte tengo que empezar a ponerla en práctica, y ya voy tarde, porque en mis últimos viajes mi equipaje y yo hemos llegado desacompasados, yo primero y él después, y en todas esas ocasiones habría agradecido un poco menos de optimismo y un poco más de previsión por mi parte.

*

Hasta hace muy poco, las maletas no tenían ruedas. Y cuando digo muy poco, quiero decir poquísimo. Leo en internet, a falta de datos que pueda ofrecer de memoria, que la maleta con ruedas y mango de aluminio tal y como hoy la conocemos se patentó en 1989. También es cierto que, hasta hace nada, casi nadie viajaba por placer. En realidad, puede que esto último no haya cambiado. Aunque intentemos engañarnos, ya sea por la presión de grupo o porque la mayoría de las personas aspira a ser alguien distinto, más interesante, aventurero y atractivo, viajar es, sobre todo, incómodo. Igual que Dorothy Parker decía que no le gustaba escribir, pero le encantaba haber escrito, sospecho que a mucha gente nos gusta menos viajar que haber viajado.

Compañeros de viaje

El 2 de enero de 2020, cuando lo que estaba a punto de ocurrir parecía una noticia cualquiera, un tanto extraña y exótica, pero sobre todo inverosímil, me subí en un avión rumbo a Finlandia. A mi lado se sentó un señor mexicano de unos setenta años. Sé que era mexicano porque me lo dijo y sé que tenía unos setenta años porque tengo amigos de todas las edades y bastante buen ojo para deducir esas cosas. Además de comunicarme su procedencia, me preguntó que por qué escribía tan pequeño en mi cuaderno, que le daba mucha curiosidad leer lo que estaba escribiendo y así no había manera. Respeto mucho a la gente que es cotilla y no se esconde, aunque en este caso habría preferido un poco de disimulo, porque en ese momento dejé de escribir, con lo motivada que estaba. Ese día le había dado la vuelta a un cuaderno que antes había usado para tomar apuntes y escribir algunos pasajes de *Historia de Ø*, que, ahora veo en la primera hoja, en algún momento pensé en titular *Isla anegada*. Empecé a escribir por lo que hasta ese momento había sido la contraportada de un cuaderno ahora inacabado por dos lados distintos con un boli gris que me había comprado unos días antes para, leo, quitarme el miedo no ya a la hoja en blanco, sino a la mancha de tinta negra. Más que quitarme ese miedo supongo que pretendía evitar ese trance, pero en ese año que empecé con la huella de carbono literalmente por las nubes, mi diario se reduce a una única página que termina con la poco sutil petición de mi compañero de asiento de poder meterse en mis asuntos de forma más accesible.

Como cualquier persona que se desplace con frecuencia en medios de transporte colectivos, he tenido innumerables compañeros de viaje, pero solo recuerdo algunos, como aquel señor de Olmedo que, en la Estación Sur de autobuses de Madrid me preguntó si mi hermana, que me hacía señas desde la dársena, era sordomuda, o las dos mujeres que me flanquearon en el vuelo Madrid-Ámsterdam, la primera parte de mi primer viaje en solitario a Noruega, y me dijeron que había que salir de casa cuanto antes y que todo me iba a ir muy bien. También recuerdo de especial y olfativa manera al guiri mochilero que, en un vuelo Bogotá-Madrid, consideró que era una idea espectacular liberar de la cárcel de sus botas de montaña unos pies que llevaban demasiado tiempo sin pisar una ducha.

*

Alberto, amigo, vecino y compañero de profesión, el de las largas pestañas, me preguntó el otro día que si me doy cuenta de que siempre que mencionamos a alguien en nuestras conversaciones lo hacemos añadiendo un epíteto, como si nuestra vida fuera la *Odisea*. Yo no sé cuándo adquirí esta costumbre que no solo comparto con Alberto, el de la palabra precisa. Puede que me acompañe desde que ensanché un poco más mi círculo de amistades, hasta un cierto momento de la adolescencia reducidas casi exclusivamente a las del colegio y el instituto. Sin duda, la costumbre se fue haciendo cada vez más necesaria a medida que conocía a más gente y, de hecho, aunque nunca me hubiera fijado, ahora me sorprende que no todo el mundo recurra a ella. Tal vez la gente normal omita los nombres de las personas de las que habla y las unifique como un amigo, una compañera de trabajo, una vecina, un conocido, un familiar.

Qué tristeza decir un amigo pudiendo adornar a ese ente abstracto no solo con un nombre, sino con un atributo que nos haga cambiar de escenario e imaginarnos toda una saga de aventuras, aunque sea por un momento.

Los epítetos pueden ser elogiosos o insultantes, físicos o de carácter. Pueden remitir a una anécdota que puede o no ser bochornosa (el que se cayó de morros a la puerta del colegio, la del pedo en misa) o pueden venir dados por terceras personas presentes o no en la conversación, que alguna vez hicieron un comentario sorprendente que se quedó irremediablemente pegado al nombre por los siglos de los siglos (la de las maninas de monja, el de la cara antigua). Los amigos con epítetos son mejores compañeros de viaje. Dotan a las anécdotas de mayor solemnidad y las encajan en la Historia Universal de la Narración Oral. Con un epíteto, esas personas que, como todos nosotros, están destinadas a desaparecer, se convierten en personajes autónomos que potencialmente pueden vivir para siempre.

Los hoteles

Creo que en un libro de viajes se debería hablar de hoteles. También de hostales y de pensiones, pero siempre con un poco de desdén, porque un libro de viajes siempre tiene que ser aspiracional, si no directamente esnob. Yo no conozco tantos hoteles y, desde luego, no conozco ninguno tan bien como para poder decir algo reseñable sobre este tema, pero tengo una promesa editorial que cumplir y, llegadas a este punto, estoy comprometida con este documento con título provisional y también con mi editor, el del bastón y el bombín.

Podría hablar de aquella pensión del cabo de Ajo, donde me hicieron unos huevos fritos para cenar, esta vez sí, con puntilla, cuando fui con mi madre aprovechando no sé cuántos puntos de Turyocio. Podría hablar de los albergues que olían a calcetín mojado aquella vez que no se me ocurrió nada mejor que hacer varias etapas del Camino de Santiago con un amigo checo y con unas botas de montaña nuevas y una forma física bastante lamentable que afortunadamente se veía compensada por mi alegre juventud. Podría hablar de residencias de estudiantes en varias ciudades europeas, de esos hoteles con camas tan bien hechas que da pena deshacerlas, de aquella habitación compartida en un barquito que se mece en un fiordo de Estocolmo y donde nada era tan pintoresco como suena, de ese coche cama que salía de Austerlitz y amanecía en Valladolid, una ciudad con un nombre que, aunque no lo parezca, también termina en zeta. A estas alturas, creo que queda claro que me interesan más las imágenes de las cosas que las cosas mismas, por eso no entraré en muchos detalles sobre ninguna de esas noches. Por suerte nadie me patrocina y a nadie le debo nada. Bueno sí, a mi editor. Así que algo tendré que contar, digo yo. Él tenía una idea muy bonita, que era que yo escribiera un libro de viajes por Escandinavia.

Por suerte, haber vivido en Noruega me ha hecho coleccionar datos y anécdotas que en principio parecería que no llevan a ninguna parte, pero mira tú qué bien nos vienen ahora. Una cosa que he aprendido es, por ejemplo, que las letrinas de las cabañas de uso público o privado que pueden encontrarse por todo el país, a menudo se adornan con fotos de los reyes, porque está feo limpiarse las plebeyas posaderas con ellos si te toca una página en la que aparezcan al arrancar una hoja de las revistas dispuestas para ese noble fin. Al parecer no resulta extraño ni irreverente que, impresos en papel cuché y colgados en un clavo de la pared, el rey Harald o la reina Sonia se conviertan en testigos de la intimidad más escatológica de sus súbditos y de los turistas extranjeros que deciden pasear por sus dominios.

Además de revistas que hacen las veces de papel higiénico, en los baños de mi país nórdico preferido es común encontrarse con tebeos de Jorgito, Jaimito y Juanito, que en noruego se llaman Ole, Dole y Doffen. La primera vez que los vi, en un hostal de Bergen, creí que eran tomos sueltos de la Biblioteca de los jóvenes castores, una colección de libros para niños que me encantaba de pequeña y que estaba protagonizada por los sobrinos del Pato Donald. En todos los tomos de la colección se combinaban historietas y cuentos con consejos y actividades de todo tipo. Los personajes y el formato eran los mismos, de ahí la confusión. Ese feliz reencuentro con esos personajes, sacó a la superficie una serie de conocimientos que creía olvidados: cómo hacer una mochila con unos pantalones, cómo convertir en silbato un trozo de papel, cómo descifrar los códigos secretos de antiguas (y presentes) civilizaciones.

Si este fuera un libro de viajes al uso, ese hostal en el que me hospedé aquel día merecería un capítulo aparte. También, seguramente, daría los datos reales para que quien lea estas páginas pudiera localizar ese hostal y a su pintoresco dueño, un señor al que aquí llamaré Knut Erik.

El hostal de Knut Erik era su propia casa y, aunque aparecía en alguna que otra página no oficial de turismo, en la fachada no había ninguna pista que diera a entender que ese edificio de tres pisos no fuera una vivienda unifamiliar como el resto de las casitas de la calle. Llegué andando desde el muelle. A la altura de una iglesia con un pináculo verde que se confundía con la vegetación de las montañas que rodean la ciudad, giré a la derecha y seguí caminando hasta llegar al acuario, que llevaba horas cerrado. En la esquina de la calle me esperaba mi anfitrión, un señor que bien podría haberse dedicado a llevar regalos a los niños de todo el mundo subido en un trineo tirado por renos voladores. Cuando le pregunté si quería que utilizara sus dos nombres o si prefería que le llamara solo Knut o solo Erik, me miró confundido y me dijo: *Knut Erik is correct*. En ese momento me sentí como si le hubiera preguntado a un José María si podía llamarle María o si prefería que le llamara José. Me ahorré, pues, preguntarle si los nombres compuestos como el suyo tenían algún tipo de diminutivo convencional, si existía algo análogo a Chema para su nombre, algo que, esperaba entonces, fuera más fácil de pronunciar que Knut, con esa ka inicial, sin una triste vocal que diera reposo a mi lengua en su camino frenético desde el velo del paladar a la parte trasera de los dientes.

La habitación en la que me hospedé era una cápsula del tiempo, un espacio que congelaba y custodiaba la personalidad de un niño, el hijo del dueño del hostal, que, como yo, había crecido entre los ochenta y los noventa. Knut Erik se disculpó porque no había tenido tiempo de «secar» el polvo. Ahora sé que el uso de ese verbo se debía a una traducción literal del noruego, pero entonces me llamó mucho la atención, porque el polvo de esa habitación estaba ya más que seco: petrificado.

En el baño, junto a unos calzoncillos sucios que en ese momento pasé por alto, pero ahora dejo por escrito para la posteridad, me encontré esos libros que me recordaron mis aspiraciones infantiles de ser aventurera y viajar a sitios lejanos con una linterna y una navaja suiza en el bolsillo en busca, tal vez, de arenas movedizas y de tantos otros peligros que solo conocía (y conozco) a través de la ficción.

Esa noche, en el pasillo, vi un fantasma. A la mañana siguiente me di cuenta de que el sueño, la penumbra y el desorden producen monstruos. Y que, igual que me había sucedido con los libros que me encontré en aquel baño, muchas veces las cosas no son lo que parecen.

Desayuno continental

Yo siempre he sido de buen comer, con un morro que oscila entre lo fino y lo gorrino con desenvoltura y disfrute. Quienes me hayan conocido de pequeña, puede que me recuerden de puntillas frente a la barra de un bar del Barrio Húmedo, una manina que se asomaba ciega y, a tientas, cogía cualquier palillo que estuviera a su alcance. Riñones, asadura, morcilla, chorizo, champiñones y patatas recibían la misma calurosa bienvenida.

Cuando voy de viaje, procuro probar lo que la gastronomía local tiene que ofrecer. No tengo alergias conocidas ni restricciones alimentarias y creo que solo hay una cosa que no me veo capaz de probar: los insectos o, mejor dicho, los bichos, para poder incluir gusanos, arañas y demás animalillos en una categoría más coloquial, pero más biológicamente correcta. No será porque no lo he intentado. En un viaje a Colombia custodié durante varios días una bolsita de hormigas culonas que compramos entre varias personas frente al Museo del Oro, en Bogotá. La única visitante no local que se comió un par de hormigas sin ningún reparo fue mi amiga Ana. Ese mismo día, nos pidió que le hiciéramos una foto con una hormiga en la boca para mandársela a su familia. Enseguida recibió una respuesta de su abuelo:

> Qué asco. Me recuerda a la primera vez que probé una gamba.

La frase es tan esclarecedora que considero que merece su propio párrafo. ¿Por qué nos da asco un gusano y tan poco una gamba? ¿Por qué me da asco la idea de comerme una hormiga y me relamo al pensar en una nécora? Las preguntas, por supuesto, son retóricas. Por suerte no tengo por qué comer nada que no me apetezca, y para expresar esa realidad tan sencilla la propia palabra suerte se me queda pequeña.

*

Solo se me da bien desayunar cuando estoy de viaje, cuando voy a una cafetería o cuando viene alguien de visita a casa y tengo que fingir que soy una persona con hábitos saludables que ha interiorizado esa frase que afirma que el desayuno es la comida más importante del día. Los días de diario, mientras se hace el café, pienso en que el mayor lujo del mundo es que alguien te prepare el desayuno. De pequeña no entendía qué misterio tenía esa actividad que para mí entonces solo consistía en disolver el cacao de mi marca comercial de confianza en la leche y después mojar en esa mezcla dos galletas maría unidas por una fina capa de mantequilla. Por entonces, cuando un niño de la vida o de la ficción presumía de haberles preparado el desayuno a sus padres, yo no entendía la supuesta épica del asunto. Todavía no conocía los desayunos de los hoteles, las mieles literales y figuradas de un desayuno continental, y tampoco las costumbres de otras casas y de otras gentes.

Una mañana, en un hotel de Oslo, ante una oferta interminable de pescados ahumados, carnes, huevos y embutidos, diversos tipos de pan, fruta cortada, yogures con distintos grados de acidez, zumos, leche, café, té y otras bebidas calientes, tortitas, gofres, mermeladas y chocolate fundido, mi amiga Fuyumi me mira compungida. ¿Dónde está la sopa?, me pregunta, aunque más que una pregunta es un lamento dirigido hacia un ente superior. ¿Dónde está la sopa?, me pregunto yo también, con mi plato bien surtido de viandas dulces y saladas y un café con leche en la mano. Mientras ante mí se abre un mundo de posibilidades, en los ojos de Fuyumi se dibujan dos cuencos donde flotan, en un humeante caldo, las costumbres que tanto nos cuesta dejar atrás.

Souvenir

La palabra *souvenir* resume en muy poco espacio que alguien que te quiere mucho se ha acordado de ti en un lugar más o menos lejano. Economía del lenguaje y economía del sector terciario unidas en un mismo vocablo francés de tintes antiguos, de los que ahora se llaman *vintage*. En mi ciudad de provincias también hay tiendas de recuerdos, pero nunca entro. Es una pena, porque ya no vivo allí y bien podría, cuando voy de visita, llevarme una réplica en miniatura del cáliz de doña Urraca o una reproducción del calendario agrícola de San Isidoro.

En realidad, un *souvenir* puede ser cualquier cosa, desde la típica camiseta consciente de su fealdad, que nos lo hace saber con una simpática frase, hasta un botecito de arena, una concha, una piedra o una postal. En algún lugar de mi habitación, en una caja donde conservo todas las cartas que recibí durante mi infancia y adolescencia, he de tener una postal que dice «qué fuerte lo de Lady Di», y nada más, en la parte de atrás de una foto de Jávea.

Souvenir significa recuerdo, pero los pequeños objetos que compramos en los viajes deberían llamarse «te recuerdo» o «acuérdate de mí». Un *souvenir* no nos recuerda nunca al lugar en el que lo hemos comprado, sino más bien a la intención que teníamos al comprarlo, al espacio de pensamiento que dedicamos a la persona que lo recibiría en el futuro. Los recuerdos son otra cosa: las imágenes que se nos quedan grabadas en las retinas y en la memoria, los olores, los pasajes de vida, las conversaciones, la sensación física de unas sábanas, del roce de una planta, del tacto de la arena, de la exposición a los elementos.

De pequeña no entendía por qué se alegraba la gente cuando en un concurso de la tele les regalaban un viaje. A mí no me gustaba nada viajar. Asociaba los viajes a los mareos en el coche, a pasar demasiado frío o demasiado calor, a no tener un espacio para mí sola ni siquiera a la hora de dormir. Sin embargo, me encantaba ir de campamento. Lo de llamar campamento a las colonias de verano a las que iba es hacer algo de trampa, porque lo de dormir en tiendas de campaña era algo puntual, casi anecdótico.

En los campamentos no me importaba compartir habitación con un montón de gente, ni tampoco madrugar, ni siquiera cuando era para hacer deporte. En los campamentos podía pasarme los días en chándal y en deportivas y no quitarme nunca la gorra que, para cuando volvía a mi casa, ya nunca más perdería la forma de mi cabeza ni la marca de sudor en la parte del forro que roza con la frente. En los campamentos me asilvestraba por completo, me sentía una con la naturaleza, que era inabarcable y me seducía irremediablemente hasta cuando no era más que un secarral de la meseta con unos cuantos saltamontes y otras tantas lagartijas que huían despavoridas de un puñado de niños con las rodillas desolladas y las uñas llenas de tierra. De pequeña no me gustaba viajar porque a mí lo que más me gustaba era estar tranquila haciendo cosas mundanas, como perder el tiempo, algo que está mal visto hacer cuando te vas de viaje. Siempre me ha generado un enorme sentimiento de culpa el bienintencionado «aprovecha» que me decían familiares y amigos cuando me iba a algún sitio. ¿Y si no estoy aprovechando? Qué angustia, qué desazón, con lo a gusto que estaría yo quieta en un sitio, con una hoja y un lápiz, con barro entre las manos, mirando una hormiga, deshojando una margarita, tumbada en la hierba mirando las nubes, que flotan como si nadaran por ese mar infinito que es el cielo.

*

De adolescente, algunos fines de semana de invierno iba a esquiar a una estación pequeña, a unos cuantos kilómetros al norte de mi ciudad de provincias. Tenía la suerte de que los padres de distintas amigas me subían en coche, y gracias a eso pude ahorrarme sufrir el autobús, la némesis absoluta de las personas que, como yo, se marean casi hasta caminando. Así solo tenía que enfrentarme a dos cosas que me aterrorizaban: madrugar y el vértigo que me causaba la pendiente. Lo primero me sigue aterrorizando. Lo segundo conseguí superarlo a base de lanzarme con prudencia y con fe una y otra vez por la ladera cubierta de nieve de la montaña. Cuando iba a esquiar y miraba el paisaje mientras hacía cola y esperaba (las pistas eran cortas y las esperas, muchas), pensaba: ya he hecho esto una vez, por qué volver a hacerlo. Cuando vuelva la vista atrás, ¿recordaré estos días por separado, como ocasiones distintas? Seguro que lo de pensar en el recuerdo futuro de lo que aún está pasando tiene un nombre. Ahora, efectivamente, se me mezclan esos días en la cabeza, pero me alegro de que fueran muchos, me alegro de haber disfrutado de la soledad de los arrastres, de la belleza de la montaña, de lo evidentemente artificial que es una estación de esquí y, por supuesto, de los bocadillos de lomo con queso de la cafetería, de las anécdotas compartidas, de los trayectos en coche contando batallitas exageradas y escuchando siempre la misma cinta.

Creo que no tengo ninguna foto de esas excursiones a la nieve. Sí que tengo de otras, más adelante, cuando vivía en Noruega, y puede que por eso no tenga un recuerdo tan claro de lo que pensaba esas otras veces, porque no estaba tan concentrada en hacer uso de la memoria, al saber que contaba con un apoyo externo. Ahora que hacemos fotos sin parar, todos los días, de cualquier cosa, hemos olvidado que hace no tanto solo las hacíamos en los viajes. Momentos congelados, posando igual que todo el mundo frente al monumento de turno, imitando a una estatua o interactuando con ella, incómodos, torpes, desenfocados, subrayados por un dedo o por un defecto de la cámara, algo que en su momento nos resultaba molesto y ahora imitan multitud de filtros y aplicaciones.

Pienso mucho en la gente que sale en nuestras fotos, en los desconocidos que descansan, eternamente congelados, en nuestros álbumes. Pienso mucho en las casas ajenas donde seguro que estamos mis seres queridos y yo, dispersos por el mundo. Pienso también en todas las fotos idénticas en las que solo cambian las personas y las estaciones. Pienso en las fotos frente a lugares que ya no existen: las Torres Gemelas, la ventana azul de Malta, la ciudad de Palmira, el viejo Riaño, un Pryca, el bar Belmondo.

*

Una tarde que iba de paseo por Málaga con mi amiga Teresa, nos topamos con una tienda de cosas antiguas. En la puerta había un marco lleno de pendientes hechos de figuritas de plástico y otras cosas pequeñas: soldaditos de plomo, naipes, dentaduras postizas en miniatura, chapas de botellas de champán, réplicas de distintos objetos de uso cotidiano. Tras mirar exhaustivamente ese primer marco de tesoros, nos dimos cuenta de que un poco más cerca de la entrada había otro y después otro más y otro más todavía, adentrándose poco a poco en el establecimiento como un caminito de migas de pan que, si algo hemos aprendido en los cuentos, podía acabar con nuestra propia muerte, convertidas en la cena de una bruja. Como estábamos juntas, nos sentimos a salvo y, después de probarme casi todos los modelos, me llevé unos termómetros digitales que marcan una temperatura saludable, algo indispensable para no resultar sospechosa de nada en estos tiempos que corren. Así, la casualidad de un paseo decidió que la fiebre que no tuve se convirtiera para siempre en un recuerdo de Málaga y de aquella tarde, que no fue la última que pasé con Teresa.

Una anécdota robada

En algún momento entre finales de los ochenta y principios de los noventa, un grupo de escolares hizo una excursión a la Virgen del Camino que, según nos cuenta el cancionero popular, es reina y madre del pueblo leonés. Después de la visita de rigor al templo, los niños y su maestra pasaron ordenadamente a la tienda de regalos, la mejor parte de toda excursión cultural. Con el dinero que les habían dado sus padres, abuelas o tutores para comprarse unas gominolas, una estampita o un Frigopié, los alegres escolares compraron un alijo de rosarios, vírgenes y cruces de plástico fluorescente en esa típica gama que va del blanco al verde pasando por el amarillo. ¡Qué contentas iban a estar sus madres con esa bella patrona refulgiendo en la mesita de noche, velando sus sueños! ¡Cómo iban a presumir sus abuelas al hacer la novena con esos modernos rosarios! Sin embargo, la alegría, como suele ocurrir, les duró poco. Algún chavalillo que disponía de información privilegiada les habló a sus compañeros del peligro que entrañaba el material del que estaban hechos los flamantes regalos. «Pues me han dicho que da cáncer», me imagino que serían sus palabras textuales. Un corro de niños temerosos de ser culpables del homicidio imprudente de sus familiares urdió un maquiavélico plan: le entregarían los regalos a su profesora. Una idea a todas luces brillante. A todas luces y en la oscuridad, añadiría la niña más repipi de la clase, que podría haber sido yo misma. No esperaban esos escolares que su maestra fuera más lista que ellos, pero lo descubrieron cuando, al llegar a clase al día siguiente, vieron que había decorado el aula con todos los recuerdos de aquella piadosa excursión. La clase de 6.º B de ese colegio de la capital leonesa contaba ahora con el altar más cancerígeno del mundo, un altar a la Virgen del Camino. Una clase de veintiocho alumnos se imaginó a sus familias cantando con pesar el himno de los devotos de su tierra:

Madre, León te llama de sus hijos
y viene a ti sus hijos a ofrecerte.
Y vuelve a ti, contigo a consolarse,
cuando a tus brazos los llevó la muerte.

Imágenes en movimiento de una abuela soriana y tres mujeres argentinas

I

El pasado es un lugar al que ya no se puede volver, y sin embargo siempre volvemos a él, como si fuera una estación fantasma en la línea de metro de la vida. Cuando el personaje de algún libro que esté traduciendo tamborilea con los dedos en la mesa, que es algo que hacen mucho los personajes de los libros que traduzco, me acuerdo de mi abuela Isabel. Mi abuela tocaba la mesa como si fuera un piano, como si de haber sido un piano mi abuela hubiera sabido cómo tocarlo para sacar los acordes que un día pulsara doña Trini en aquel colegio de niñas de la provincia de Soria.

Ja, ja, ja, ja, ja.

Empezaba la canción y, como un conjuro, esa risa falsa y performática desataba la mía, que era siempre de verdad.

¡Qué borracha estoy!

Seguía.

Apréndetela bien para cuando yo falte, me decía mi abuela, y yo no me creía que fuera a faltar, pero me la aprendí. Ahora me doy cuenta de que lo que me falta es la memoria y que lo que tenía que haber hecho con la canción es grabarla o, por lo menos, haber escrito la letra. Lo único que recuerdo de esas estrofas que tan divertidas me parecían son esos dos primeros versos y también los dos últimos:

... de aquellos sueños y dulces recuerdos
solo la merluza era realidad.

La merluza era la borrachera, y desde entonces yo me imagino la resaca como un pescado blanco en rodajas, a veces rebozadas a la romana.

*

Mi abuela ya no está. Pero yo la invoco cada vez que meriendo un chocolate con churros, cada vez que pronuncio una serie de palabras mágicas: encarnado, convidar, figúrate, ves como imperativo del verbo ir. Muchas veces sueño con ella. Le pregunto las cosas que nunca se me ocurrió preguntarle cuando vivía, porque yo era pequeña y esas preguntas que le haría hoy todavía no existían en mi cuerpo. Me imagino que le caigo bien, aunque me quisiera más alta, más fina, menos impertinente, mejor peinada, mejor vestida. Yo la quiero como es y paseamos del bracete y me cuenta cosas y yo la escucho. Cuando me despierto, sin que medie la merluza, apunto lo que me ha contado, hago como si me lo hubiera inventado yo y lo guardo para meterlo en un libro, en un libro mío, escrito por mí. Esa es mi sutil venganza por que se fuera antes de lo que me habría gustado y por que critique la ropa que llevo hasta cuando viene a visitarme en sueños.

II

Para hablar del movimiento, del origen de la consciencia del cuerpo y lo que el cuerpo hace, me transporto al colegio donde estudié. Curioso que lo digamos así, cuando estudiar es tal vez lo menos importante que se hace en un colegio y, desde luego, a lo que menos tiempo se le dedica, pero así funciona el lenguaje. Me persono mentalmente en la sala que había detrás de la pequeña biblioteca donde a partir de no recuerdo qué curso de primaria nos dejaban recomendar libros a otros alumnos. El suelo de parqué, el biombo que transforma esa sala enorme en dos espacios, la biblioteca y la estancia vacía salvo por un armario del que la maestra saca un pandero y una maza. Psicomotricidad es una de las primeras palabras que me enseñaron en el colegio. Como, para sorpresa de nadie, empecé a hablar antes que a andar, me resultaba más sencillo pronunciar esa palabra que performar lo que en esa materia nos enseñaban. Caminamos por todo el espacio, nos decía la maestra mientras paseábamos al ritmo del pandero y de María Elena Walsh, un ejército de fantoches pequeñitos dando vueltas con afán.

III

Cuando era adolescente y vivía en un pueblecito de Noruega, una tarde a la semana, puede que fueran dos, iba a *gympa*, un tipo de gimnasia que se inventó alguien en Suecia y que combina ejercicios lentos con otros más rápidos y trabaja la fuerza, la resistencia y la coordinación, todo ello al ritmo de la música. En España hubo un tiempo que estuvo de moda y se conocía como gimnasia sueca, un nombre sencillo con el que podría haberme ahorrado la explicación anterior, pero no hemos llegado hasta aquí para ahorrar. La clase la componíamos un montón de gente mayor que estaba haciendo rehabilitación de distintas dolencias físicas y un grupo pequeño pero entusiasta de adolescentes. Un día, al final de la clase, la profesora nos pidió a mi amiga Mica y a mí que nos quedáramos un momento a escuchar una canción de Enrique Iglesias, ojalá recordara cuál, para que le dijéramos si la letra tenía algún mensaje que pudiera resultar ofensivo o si por el contrario podía incorporarla, porque le gustaba mucho, a la maravillosa lista de reproducción con la que amenizaba nuestras sesiones y nos hacía más luminoso el invierno. La canción pasó el filtro de las censoras en las que nos habíamos convertido sin hacer más méritos que hablar español y, a partir de entonces, una tarde a la semana, puede que fueran dos, empezamos a mover la pierna, el pie, la tibia y el peroné al ritmo de Enrique Iglesias, que se unía así a Lou Reed con su «Perfect day» y a «You don't love me anymore», de Weird Al Jankovic. Recuerdo esas clases de *gympa* como la única vez en mi vida que he disfrutado genuinamente de hacer deporte.

Mi amiga Mica me enseñó y aún me enseña muchísimas cosas. Entre ellas, la diferencia entre boluda y pelotuda, dos palabras esféricas y orondas que fuera de Argentina nos empeñamos en percibir como intercambiables y que, dichas en un contexto inadecuado, bien nos podrían valer, con suerte, una buena bofetada. Una tarde a la semana, puede que fueran dos, mi amiga Mica se ponía una camiseta que le había pintado yo y yo me ponía una que me había pintado ella. La mía decía «soy una pelotuda». La suya, «soy gilipollas». Y nos moríamos de risa, dando saltos y moviendo los brazos en círculo al ritmo de canciones que no ofendían a nadie.

IV

Llevo dos años haciendo pilates un día a la semana en un centro que está justo al lado de mi casa. Para una persona activa, este dato será una estupidez. Para alguien que, como yo, detesta el deporte, es todo un logro. Mi monitora se llama Vicky y es argentina. También es amable y divertida y, como todas las monitoras de pilates, tiene el poder de mover partes muy determinadas del cuerpo ajeno con solo pronunciar unas palabras. Cuando Vicky dice ombligo, el ombligo se te pega a la columna, como si no existieran todos esos órganos que nos rellenan por dentro. Cuando dice hombros, las escápulas se encajan en su sitio, como alas de querubín en reposo. La única palabra que Vicky no dice nunca es culo, esa palabra que a este lado del charco pronunciamos con tanta alegría y que, junto con algunas otras, nos ha cosechado la fama de ordinarios que tenemos en la otra orilla. Vicky no dice culo, ni falta que hace, porque dice culito, que es lo mismo, pero más amable y así parece que las agujetas, que al otro lado del charco son los cordones de los zapatos y a este, el recordatorio doloroso de que hemos hecho deporte, son menos, como sucede con las penas y el pan.

Atlas panhispánico de la lengua

Chupo la semilla de un mango y me siento como un periquito que picotea un hueso de jibia. Las hebras que se me quedan en los dientes me hacen proyectar la idea de mi animalidad hacia una ballena con las barbas llenas de plancton.

Mucho antes de las clases de inglés, la música y la televisión me enseñaron que, además de otros idiomas, existían otras formas de hablar el mío propio. Con la devoción de quien reza el rosario, escuchaba, una y otra vez, las canciones de María Elena Walsh. Como en las cintas que teníamos en casa las cantaba Rosa León, yo no sospechaba que todas esas palabras que en mi entorno nadie pronunciaba —yuyos, alcancía, mameluco— venían de muy lejos, sino que las asumía como lo que eran: parte de mi propia lengua. Y así crecí, panhispánica y parlanchina, como un diccionario.

Aunque nunca he estado en Tucumán, a través de las canciones de Mercedes Sosa he aprendido que en esa parte de Argentina y en otras latitudes del continente americano, sobre todo en la zona de los Andes, la erre se pronuncia asibilada y que en el folklore de esa región se toca un tambor muy parecido al que tocaba Valentina la de Sabinosa cuando cantaba «El baile del vivo», y no muy diferente en su sonido al pandero de mi profesora de psicomotricidad.

Hay palabras que son las mismas y significan cosas distintas según de dónde provenga quien las pronuncie. En México un rastrillo es una cuchilla y una banqueta es la acera. En Argentina la canilla es el grifo y así podríamos seguir, haciendo un listado infinito y de ida y vuelta de palabras que son lo mismo pero no son igual.

*

Por azares del destino y por mediación de una escritora querida y admirada de nombre Mercedes, hace ya más de un año crucé el océano Atlántico para asistir, como escritora invitada, a la Feria del Libro de La Paz. Digo escritora invitada y pienso en cualquiera menos en mí misma, y sin embargo esa escritora invitada era yo. Cuando se lo conté a unas amigas, la idea les pareció tan peregrina y tan apresurada que creyeron que la feria del libro en cuestión se celebraba en un hospital madrileño y no en Bolivia.

La palabra paz siempre me hace pensar en una tira de Mafalda en la que una señora abofetea a su hijo y esa es precisamente la onomatopeya que elige Quino para describir el golpe: **PAZ**, en mayúsculas muy gruesas. Mafalda mira la escena y, cito de memoria, dice: «Alegórica, la señora». Cruzando una calle en La Paz, me caí de bruces al suelo y el ruido de mi cuerpo contra el asfalto fue el mismo que el de la bofetada en aquella tira de Mafalda. Un traspié, un crujido, un pantalón roto, una cordillera, coches imperturbables, una amiga nueva que para el tráfico y me da la mano. **PAZ**. Alegórica, la escritora invitada.

La noche de la caída, una vez superada la migraña causada por la altura, con esa amiga nueva a quien muy probablemente debo la vida, probé el té con té, que no es lo que su propio nombre indica, sino una bebida en la que uno de los tés, supongo que no importe el orden, es efectivamente té y el otro es singani, un aguardiente de uva que anima el espíritu y alivia (me dijeron) el sorojchi, que es como se conoce en Bolivia el mal de altura. Como cuando comulgaba y me lo creía, brindé con singani con mis nuevas amigas transatlánticas y se disiparon todos mis males.

A veces me parece que ese viaje a Bolivia, extenso en el trayecto y brevísimo en la estancia, no sucedió en la vida real, pero entonces miro la marca que tengo en la rodilla derecha que, como en los cuentos en los que parece que todo fue un sueño, me recuerda que aquel viaje fugaz a la otra punta del mundo no fue producto de mi imaginación porque, aunque a veces yo me crea lo contrario, hay lugares y momentos que yo nunca tendría la capacidad de inventar.

Basado en hechos reales

Una cantautora de los sesenta, María Doce, que en su época más experimental se llamó Maria Twelve, se me aparece en sueños. En un anticuario encuentro un tubo de pasta de dientes que en realidad es un disco suyo. Está sin estrenar porque solo se puede escuchar una vez. A medida que sale la pasta del tubo, la voz de María Doce, la dulce María, que fue monja, que fue folklorista, que fue poeta, se mezcla con el rasgueo de una guitarra española. No la veo, pero puedo imaginarme la funda roja de cuadros. Grabo con el móvil todo el proceso. Del tubo sale una pasta verde muy fina, como una tira de plástico plana. Huele a manzanilla. Espero acordarme de las canciones cuando me despierte. Espero que estén grabadas en el móvil cuando me despierte. Espero no despertarme y que todo esto sea real. Quiero saberlo todo sobre María Doce. También incluso sobre Maria Twelve, aunque su obra de vanguardia, la verdad, me interesa menos. De fondo suena un pandero al que se unen los pies descalzos de la cantante.

> Mirar rasgado, patitas chuecas,
> María va
> pisando penas, la arena ardiente,
> María va.
> Calcina el monte un sol de fuego,
> María va.

María existe, pienso al despertar.

No invento nada. En el sueño, como en la vigilia, solo compongo con los retales de aquello que alguna vez aprendí.

Las cosas y los sitios

Mientras descanso de mi propia escritura, me sumerjo en la de personas mucho más listas que yo, como Deborah Levy. En *Real Estate*, hay un fragmento que dice algo así como que cada viaje es un duelo por lo que se ha dejado atrás, que el viajero intenta recrear en un lugar nuevo. Mi amigo Néstor me dijo una vez que lo que más le gustaba de ir a mi casa era reconocer los objetos que habían venido conmigo desde otros lugares, encontrar recortadas y en otro orden las imágenes que habían decorado mis pisos anteriores, las figuritas en las baldas, los libros apilados con sus acompañantes de siempre y también con otros distintos. A lo largo de los años y de las mudanzas he pensado mucho en esas palabras de Néstor. Recuerdo con mucha tristeza el día que tiré a la basura, diez años después, los restos del corazón de espuma forrada de goma que me regaló el propio Néstor el día que cumplí veinticinco años; un corazón que me acompañó de Berlín a Barcelona y después vivió en una estantería en un pueblecito de Noruega para venir a morir a Madrid, totalmente descompuesto, tras una larga y emocionante vida.

En todas mis mudanzas me planteo siempre lo mismo: al hacer cajas, si realmente necesito todas esas cosas que pronto desaparecerán de mi vista; al deshacerlas, si de verdad es necesario abrirlas y colocarlo todo en su sitio. Me imagino un personaje de un cuento que a lo mejor algún día escribo, que compra muebles de Ikea y nunca los monta. Los usa dentro de la caja con la función que desempeñarían si estuvieran armados. Pero la forma no da la función, claro. Y entonces me acuerdo de todas esas personas que en 2020 se hicieron mascarillas y pantallas protectoras con los más insólitos materiales, astronautas urbanos con la cabeza metida en una garrafa de diez litros de agua. También de los trampantojos que tan de moda han puesto los programas de cocina: ese melocotón en almíbar que se disfraza de yema de huevo con unas patatas fritas que son una manzana cortada al lado, una decepción disfrazada de asombro.

*

Hoy he estado en comisaría porque me han robado la cartera por primera vez en la vida. Con esta segunda parte me consuelo de la primera.

En la sala de espera, un chico lee *Azucre*, de Bibiana Candia. Una chica lee el *Manifiesto cíborg*, de Donna Haraway. Yo saco del bolso *Papeles falsos*, de Valeria Luiselli, un título evocador para leer en una comisaría de la Policía Nacional, algo en lo que no había reparado al coger el libro.

Una señora llama desesperada para que le cancelen su tarjeta de El Corte Inglés y su lamento telefónico (¡hablar con un operador!) parece un salmo o un mantra que me hipnotiza, pero que a ella no le apacigua los nervios:

> Solo consigo hablar con máquinas,
> máquinas,
> máquinas.
> Me cuelgan
> me cuelgan
> me cuelgan las máquinas.
> Esto es horrible,
> inhumano,

inhumano,
me cuelgan, me cuelgan, me cuelgan las máquinas.

Mientras tanto, nuestras carteras, la de la señora y la mía (y muy probablemente la de muchas de las personas que nos acompañan en silencio, ilesas y aburridas, en esta sala de espera), con sus tarjetas de crédito, de débito y de fidelización, viajan y recorren caminos que nunca habían transitado para por fin acabar en un alcorque o en una papelera o, directamente, en el vertedero municipal.

What you see is (not) what you get

En estos tiempos convulsos, huyo de la actualidad informativa. Que el mundo se vaya a la mierda de la peor manera posible y que no podamos inventar un futuro habitable no me hace más fácil el presente. Cuando, aun así, me llegan noticias que preferiría no haber leído, como, por ejemplo, que parece que resurge la Sección Femenina, leo «la sección femenina» y me imagino a una mujer muy pintada, muy perfumada y con tacones de aguja cortada a lo largo, una loncha de mujer, una mujer muy femenina seccionada en vertical como las personas y animales que plastina y exhibe Gunther von Hagens en su museo de Guben. Qué alivio tener una mente juguetona que me aleja de la realidad a veces desoladora que me rodea. A esta distorsión de la realidad contribuyen también en gran medida los ojos defectuosos que me han tocado en suerte.

Antes de saber que era miope, pensaba que todo el mundo tenía momentos de pavor repentino, a plena luz del día, al ver que frente a ellos se aparecían las más fantasiosas figuras, personajes salidos de películas de terror o seres tan adorables que solo podían ser un monstruo disfrazado de algo en apariencia inofensivo, acechándome para darme muerte. Al final, estos sicarios que venían a buscarme siempre resultaban ser una bolsa de basura, una farola, una piedra, un trozo de cartón, ropa sin dueño, una sombra. Desde hace unos años tengo episodios más o menos prolongados de visión doble. Después de confirmar, tras multitud de pruebas neurológicas y oftalmológicas que no se trata de ninguna enfermedad que vaya a llevarme a la tumba a una velocidad mayor de la esperable, a veces, dentro de la molestia que supone no saber dónde empiezan y dónde acaban las cosas y ver una muchedumbre donde solo hay un puñado de personas, me detengo a contemplar esos episodios como de adolescente me paraba a descifrar qué era aquella sombra que intuía a lo lejos. Mi oftalmóloga me ha dicho que, si puedo, aproveche para ir a mirar el mar en verano. A mí me gusta decir que me ha recetado baños de ola.

Hoy leo que una niña española ha recuperado la vista después de comulgar en Fátima. Lo primero que ha visto ha sido el altar y el sagrario, y después la cara de su amiga. Y pienso que qué mérito tiene ver lo que ya estaba allí y no al mismo Cristo resucitado, al verbo hecho carne, o a la propia Virgen que ya se apareció en su día ante unos jóvenes pastorcillos. Y lo pienso mirando al mar que se extiende ante mis ojos esotrópicos que parece que descansan y se alinean después de tantos meses viviendo en una ciudad sin horizonte.

La playa

En las actividades de los libros de texto, la verdad es que no recuerdo de qué asignatura, puede que de lengua, puede que de inglés, a menudo te preguntaban si preferías ir de vacaciones a la playa o a la montaña. A mí me parecía una pregunta bastante extraña, porque ya por entonces se me ocurría que había más sitios a los que irse de vacaciones, a una ciudad o a un pueblo sin monte ni río en mitad de la meseta, por ejemplo. También sabía que era difícil responder dónde sería mejor pasar las vacaciones si nunca habías estado en ninguno de los dos sitios que se mencionaban en el ejercicio, y que estaba mejor visto decir que en la playa, que, al ser nosotros niños de interior, quedaba más fino y tenía más caché. A veces, el libro de texto iba más allá con sus preguntas y añadía otra que me dejaba absolutamente desconcertada: ¿prefieres las playas de arena o las de piedras? Me sorprendía muchísimo que hubiera playas de piedras. Yo nunca había visto ninguna y, además, las piedras no encajaban en mi definición de lo que era una playa, a saber: una extensión de arena que precede al mar, que va ganando terreno, ola a ola, en lenguas de agua salada y azul con un ribetito blanco, como de encaje. Como en *Las vacaciones del pequeño Nicolás* iban de vacaciones a una playa de guijarros, asumí que ese tipo de, abro comillas, playas, cierro comillas, eran una cosa europea.

A mí nunca me ha gustado demasiado la playa, pero he tardado en decirlo en voz alta por eso de no quedar de provinciana, de ignorante, de paleta, de todas esas cosas que ahora no me importa ni un poquito parecer. Tengo tendencia a quemarme y una fotofobia no diagnosticada. El sol me da dolor de cabeza, me irrita y me revuelve el estómago. No en vano mi villana favorita de todos los tiempos es Madame Mim. El sol me gusta desde la sombra, como le oí decir el otro día a una señora en una terraza, y la playa es un lugar inhóspito donde algo tan aparatoso y tan poco orgánico como una sombrilla se hace pasar por un sustituto válido de los árboles. De la playa, cuando hace sol, solo me gusta el mar y puede que dar paseos, de un lado a otro, si no hay mucha gente y voy con alguien que sepa guiarme de vuelta a nuestro sitio. Si voy sola a veces me siento como me imagino que tienen que sentirse los niños que se pierden en los supermercados. Entre una playa y un supermercado, elijo la playa, pero sin demasiado entusiasmo.

Los días de playa en lugares donde siempre llueve son la dictadura del disfrute mal entendido. Te obligan a aprovecharlos aunque lo que más te apetezca sea perderlos sin remordimientos. Son chantajistas, crueles y tóxicos, el mejor ejemplo de productividad capitalista disfrazada de descanso.

La playa solo me gusta si está nublado o si ya queda poco para que acabe el día. A lo tonto, casi tres décadas después, por fin me siento capacitada para responder a esa pregunta de aquellos libros de texto:

> Canto yo a la montaña
> donde el descanso es profundo,
> donde siento que se alejan
> todas las penas del mundo.
>
> Si quieres encontrarme
> me verás en la montaña,
> donde el río está más limpio,
> donde se extiende la braña.

Dime tú, dime dónde
hay quien le cante a la playa,
que allí quien canta y quien baila
de la calor se desmaya.

Y si quieres colorcito,
vente conmigo a la huerta.
Cogemos unas cenorias
y hacemos caldo con ellas.

Y si quisieras bañarte
aquí tenemos la acequia.
Nos damos un chapuzón
y para la merienda
comemos algo en la hierba,
que aunque se te caiga al suelo
no se te llena de arena.

Idiomas, querida

Durante años, mi abuela me preguntó, disgustada y seguramente también preocupada por mi escasa capacidad intelectual, que por qué lo seguía estudiando, que si acaso no me sabía ya todo el inglés. No lograba convencerla cuando le decía que tampoco me sabía todo el español, porque ya ves tú qué tontería, niña, cómo no te lo vas a saber. Muchos años después, sigo sin saberme ningún idioma entero. Sin ir más lejos, hoy he aprendido una nueva palabra: *coruscating*, que en inglés significa brillante, fulgurante, mordaz y que en mi cabeza significará por siempre parecido a un corrusco, que lo imita en forma y nombre.

Qué suerte saber idiomas, suele decir la gente, y sí, es una suerte, pero como cualquier otra cosa, también es el resultado de mucha dedicación y esfuerzo que muchas veces se hace por el mero placer de aprender a expresarnos con otras palabras y a ordenar de otra manera las cosas en las que pensamos. Mucha gente aprende idiomas porque es útil. ¿Útil para qué? Para viajar, para el trabajo, para conseguir un mejor estatus social. La gente que sigue esa lógica suele considerar que hay idiomas más útiles que otros. Los idiomas más útiles, curiosamente, no son necesariamente los que hablan más personas, sino los que se hablan en países con industrias más desarrolladas y, voy a respirar hondo antes de escribir esta palabra, más competitivas. No voy a ser yo, que vivo de haber aprendido idiomas, quien niegue el potencial utilitario de las lenguas, pero me da una mezcla de tristeza y de rabia esta visión de las cosas. A mí aprender idiomas me es útil, sobre todo, para disfrutar más y para entender un poco mejor el mundo en el que vivimos. Me sirve para aprenderme la letra de más canciones, para enterarme de conversaciones ajenas, para reírme de más chistes, para hablar (y a veces discutir) con más gente, para adivinar lo que dicen algunos carteles en lenguas que no conozco, para que me timen menos o, al menos, con mayor simpatía y gracejo, para tener siempre presente que, como decían en una canción que escuché mucho hace tiempo y no he sido capaz de volver a encontrar, hay gente que guisa de otra manera los mismos platos en la cazuela. Saber idiomas me ha servido y me sirve para ser más cotilla y para cotillear mejor, y gracias a eso escribo.

*

A los catorce años me matriculé en la Escuela de Idiomas. Me gusta mucho cuando la gente dice su nombre completo: Escuela Oficial de Idiomas. Como yo nunca lo he dicho así, me da la impresión de que la escuela a la que yo he asistido es menos seria, una mera imitación, pero la verdad es que era el mismo sitio. Primero me apunté a alemán, porque todo el mundo me decía que era muy útil, y al año siguiente a italiano, porque me dio la gana. El peor y el mejor motivo para acercarse a un idioma encarnados en dos matrículas consecutivas. Fifi, una de mis adultas preferidas, referente en mi infancia y adolescencia, me dejó un montón de discos de música italiana de los sesenta, setenta y ochenta y me los grabé todos. Adriano Celentano, Domenico Modugno y Franco Battiato se convirtieron en mis profesores en la escuela extraoficial de idiomas de mi habitación. En las clases oficiales, compuestas en su mayoría por amas de casa y ferroviarios jubilados, también cantábamos, aunque las canciones eran más modernas y, la verdad, un poco bochornosas. Aún recuerdo con sonrojo esa clase variopinta de personas unidas por las ganas de aprender una lengua romance que nos permitiera pedir comida riquísima en algún futuro viaje cantando a voz en grito *fare il sesso è naturale.* Muy buen mensaje, por otra parte, para un tiempo en el que no se hablaba de educación sexual con tanta alegría. La profesora, que era de Salamanca, nos recordaba todos los días que si ella, siendo yeísta, podía pronunciar *gli*, nosotros no teníamos excusa. Las que mejor lo pronunciaban, claro, eran las señoras de aquellos pueblos donde aún se pronuncia la elle como lateral palatal, distinguiéndola así de la pronunciación palatal central de la i griega, es decir, que pronunciaban tortilla con la misma facilidad con la que después te decían *famiglia.* Nuestra profesora con yeísmo selectivo era muy fan de Neri per Caso y con su lista de canciones aplicadas a la adquisición de una lengua extranjera aprendimos que los cantantes italianos piensan bastante en el ayuntamiento carnal. Para el festival de Navidad, que era una cosa que a mí me parecía divertidísima, como todo lo que se hacía en la Escuela (Oficial) de Idiomas, en primero elegimos una canción de Alex Britti que en español cantaba Sergio Dalma y se llamaba *Solo una volta* y hablaba de las ganas que tenía el cantante de mojar lo que vendría a ser *il cannolo*, pero sin dejar de parecer romántico. En segundo volvimos a Neri per Caso y cantamos *Viva la mamma* vestidos de rojo blanco y verde, con guantes a juego, para poder convertirnos en una bandera de Italia que hacía manos de *jazz*, con la esperanza de ganarnos al jurado. Creo que lo máximo que nos llevamos fue el cariño de toda aquella gente y una letra bastante rancia grabada para siempre en la memoria.

Noruego como lengua extranjera

He dedicado varios meses a traducir un libro de una mujer que nació en Noruega en los años sesenta. En el libro, habla de su adolescencia en los ochenta. Ella fue adolescente en Nueva York cuando yo no era ni una idea en la mente de mis padres, si es que alguna vez lo fui. La mujer escribe en un idioma muy distinto al mío. Un idioma que, aunque con mucho esfuerzo, aprendí por casualidad, porque no se enseña en los colegios ni en las universidades del país en el que nací yo. Un idioma que no conoce nadie en mi entorno más cotidiano y al que desde hace ya varios años dedico la mayor parte de mis días, aunque a veces lo vivo como si fuera una lengua inventada y secreta que no puedo hablar con nadie. Sé que a la mujer que escribió este libro que ahora traduzco todo esto le da lo mismo. No me conoce ni tiene por qué hacerlo. No creo que le importe que sea yo o cualquier otra persona quien escarbe en sus intimidades, quien, durante unos meses, crea conocerla mejor de lo que se conoce ella a sí misma. Antes de que yo llegara a sus palabras, sus textos ya se habían traducido a muchísimos idiomas, entre ellos este en el que ahora, y casi siempre, escribo. No creo que esta autora se imagine lo peregrino que es que una persona nacida en una ciudad de provincias del norte de España entienda sus palabras y las transcriba a una lengua con más respiros de vocales entre consonantes, con otras palabras para nombrar las mismas cosas, con una sintaxis más abigarrada que intenta colarse en el nuevo texto, sin éxito, porque ahí estoy yo para impedírselo.

En el fragmento que hoy me toca traducir, la autora habla de cómo, desde pequeña, anota sus ideas en cuadernos, como le instruyó su padre, para no perder lo importante en el espacio infértil del olvido. «Citaba libros que me gustaban, anotaba palabras de diccionarios y enciclopedias. Es algo que llevo haciendo desde que era una niña, y lo sigo haciendo ahora».

Mientras tanto, en la lista de reproducción de YouTube que me acompaña en un discreto segundo plano, se suceden vídeos de mujeres coreanas que limpian y ordenan su casa y preparan comidas sencillas que colocan en fiambreras de diversos tamaños que parecen hechas a medida. También otros de chicas que hablan bajito y enseñan su colección de cuadernos de todo, como los llamaba Carmen Martín Gaite. *Commonplace books*, los llaman ellas, porque son inglesas, y esos cuadernos en los que una (como hace mi autora noruega) apunta las citas de libros que le gustan y las ideas que se le ocurren ordenadas con recortes y pegatinas tienen tanta tradición que han recibido un nombre. Las cosas existen y después las nombramos.

Me relaja tener de fondo a gente tan organizada haciendo sus cosas casi en silencio, con música tranquila. Me recuerda que yo también estoy trabajando y que también puedo proyectar al mundo y a mí misma que soy una persona ordenada que todo lo hace con esmero y que disfruta de las cosas simples de la vida. Todo esto lo pienso sin pensarlo. Lo siento sin que esa sensación pase por el filtro del cerebro hasta que me pongo a escribir. Y mientras avanzo en el texto que traduzco se me mezcla la palabra malo con la palabra baño, que en inglés y en noruego son las mismas tres letras dispuestas en el mismo orden pero con distinto significado. Se me mezclan el veneno y los regalos. Mi cabeza ya cansada decide tomar decisiones disparatadas, una navaja de Ockham inversa: entre dos posibilidades elige siempre la más compleja, aparatosa e inverosímil. Entonces sé que ha llegado el momento de parar y de descansar, de emprender el camino de vuelta a la realidad que me rodea.

Emprender el viaje

Una vez traduje una guía de viajes a seis manos, sin contacto con las otras cuatro manos que habían recibido sendos fragmentos de esa misma guía. Fue mi primer encargo de traducción editorial y me organicé tirando a fatal. Mientras traducía, no paraba de pensar que a ese libro le sobraban páginas, que cuando estuviera impreso pesaría demasiado para pasearlo por las calles de la ciudad que en él se describía. Había secciones enteras que yo me habría cargado encantada, pero que comprendía que tenían que estar allí para que el señor de turno pudiera impresionar a sus compañeros de viaje cuando fueran a ver una iglesia. «Los canecillos que representan escenas de alto contenido erótico pueden llamar la atención del visitante, pero son más comunes de lo que pensamos. En el ábside de la colegiata de San

Pedro de Cervatos, en Cantabria, sin ir más lejos, encontramos notables ejemplos de lo que se ha dado en llamar románico erótico», declamaría orgulloso el señor en cuestión en cualquier capilla o abadía.

Aunque rara vez he recurrido a ellas, porque existe internet, no soy demasiado organizada y, además, suelo ir a lugares en los que tengo amigos que se encargan de llevarme a los sitios que saben que me gustarán, me encantan las guías de viajes. Mis favoritas son las que están desactualizadas e incluyen lugares que ya no existen, porque me permiten planear itinerarios y experiencias que solo podré vivir en el mundo de la imaginación, lo que las convierte en libros híbridos, a medio camino entre la ficción y la divulgación, en clásicos atemporales que nos hablan de un mundo que una vez existió en el mismo lugar donde ahora seguramente ocurran cosas mucho más anodinas, que las nuevas ediciones de esas mismas guías nunca se molestarán en reseñar.

*

A menudo pienso en cómo diseñaría yo mi guía ideal. A veces incluso me he planteado hacer una guía de los pocos lugares que conozco bien para regalársela a mis amigos o, para poder usarla yo misma, una guía de algún lugar al que tenga pensado ir de viaje, pero siempre me rindo antes de empezar. No es una cuestión de pereza, aunque puede que un poco también, sino de principios. Las guías de viajes son publicidad engañosa y contribuyen a crear unas expectativas que son incompatibles con el disfrute. La búsqueda incansable de los platos más auténticos y los lugares más icónicos hace que nos perdamos infinidad de detalles que tal vez sean mucho más interesantes, divertidos y memorables. Lo que más me gusta de viajar es no tener obligaciones. En general, detesto tratar el tiempo de ocio como una lista de tareas por cumplir y los países, las ciudades y los pueblos como un punto que tachar en un mapa real o imaginario. Y supongo que por eso he escrito este libro, que parte del encargo de escribir un libro de viajes y toma su título de una famosa colección de guías y, sin embargo, ha acabado siendo otra cosa.

*

Mientras redacto estas líneas, que en realidad no son estas mismas, sino unas parecidas que las precedieron y que cuando las dé por terminadas serán muy distintas, escucho a Adrienne Lenker y decido ir a dar una vuelta. A veces viajar no es más que eso, salir a la calle, dar un paseo, mirar las cosas de siempre como si no las hubiéramos visto nunca. Mientras espero a que lleguen otros destinos por los que vagar, paseo por Madrid y me fijo en los nombres de las calles, tan bonitos a veces que parece que se los haya inventado Gloria Fuertes. Barquillo, Tres Peces, Puñonrostro, Salsipuedes. ¿Quién querría ponerle a una calle el nombre de un general pudiéndola llamar Libertad, Desengaño o Huertas? En Madrid se hacen las dos cosas. Conviven santos y militares, alcaldes y otros señores de oficios varios y moral más que difusa con pajaritos y mamíferos, con viandas y con árboles, con acciones variopintas como es mirar al río y con cosas intangibles como el amor y la amistad. La calle Leganitos es la más antigua de España, ese dato nos daría la guía que a veces me invento, y después nos hablaría de la papelería china, que está muy cerca de una comisaría donde a saber qué libros está leyendo la gente cuya cartera se ha unido a la mía en un viaje infinito hacia ninguna parte.

*

Sueño que una revista prestigiosísima de un país que sin duda se encuentra en El Extranjero me encarga que escriba una lista de cosas que hacer para viajar desde casa, en vista del arrollador éxito de mi libro *Planeta solitario*, al que aún no he puesto el punto final, pero que gracias a la magia de la escritura como herramienta de creación de futuro ahora tienes entre las manos. En el sueño, y ahora despierta, escribo lo siguiente:

- Ir por la calle como si estuvieras en un videoclip.
- Comprar comida que no hayas probado nunca.
- Ir a un lugar muy cercano donde no hayas estado antes.
- Volver a casa por otro camino.
- Ir a un museo pequeño y visitar todas las salas con parsimonia.
- Elegir una postal de la tienda de regalos y escribir un mensaje a una persona querida.
- Buscar un estanco y comprar un sello.
- Buscar un buzón y echar la postal después de darle un besito.
- Preparar un desayuno continental un día de diario, como si esa cocina donde tanto te cuesta a veces hacerte una tostada fuera el bufé libre del mejor hotel del mundo.

- Pasear por una biblioteca y, sin hacer ruido, mirar atentamente los lomos de todos los libros con la cabeza inclinada hacia un lado. Si los libros son españoles y sus editores son personas serias, como el mío, la cabeza se inclinará hacia la izquierda. Si están en inglés, hacia la derecha.
- Entrar en un supermercado y fijarse en todo lo que no hay aquí.
- Entrar en un supermercado y fijarse en todo lo que no hay en El Extranjero.
- Comprar un producto patrio y otro extranjero para ese hábito tan bonito que es merendar.
- Entrar en una librería y comprar una guía de viajes.
- Leer dicha guía de viajes en una cafetería.
- Usar un recibo, una servilleta o un posavasos de marcapáginas.
- Anotar en un cuaderno una lista de aquellos lugares que no visitarás nunca.
- Sentir un inmenso alivio.

UNA NOTITA ACLARATORIA

Este libro comienza con dos citas en otros idiomas. Vaya tía más pedorra, ¿no era traductora? Pues ya las podría poner en español, diría una insolente pero cargada de razón interlocutora ficticia. Como deferencia hacia quienes hayan llegado hasta aquí, lo voy a hacer ahora.

La primera de las citas que abren este libro es un fragmento de una canción divertidísima de Jacques Dutronc, «Les cactus», que viene a decir que el mundo entero es un cactus y que es imposible sentarse. La segunda, forma parte de la banda sonora de *Bailar en la oscuridad,* de Lars von Trier. La cita es una parte de la canción en la que un hombre le pregunta a la protagonista, interpretada por Björk, si no le da pena quedarse ciega, porque se va a perder un montón de cosas que no ha visto todavía. Una joya de señor, francamente, para llevárselo a casa. Pero a lo que vamos. En el fragmento que cito, el tipo le dice que, por ejemplo, la protagonista nunca ha estado en las cataratas del Niágara. Su interlocutora, lejos de ofenderse, porque ya está curada de espanto, le responde que ha visto agua más veces y que las cataratas son agua y poco más. Siempre me ha gustado mucho esa respuesta seca, certera y resignada, porque de impertinentes está el mundo lleno, que lo he visto yo.

AGRADECIMIENTOS

Gracias a Susan Gosling, mi primera y mejor profesora de inglés, por abrirme las puertas a un mundo que es mucho más ancho de lo que yo me imaginaba. Gracias a Carlos Pena, mi amigo adorado desde que aprendimos juntos la palabra *horse*. Gracias a mis amigas de siempre y a mis amigas más nuevas. Gracias a quienes, sin conocerme, me leen y me animan a que siga escribiendo. A mi madre, por dejar que me fuera lejos, y a mi hermana, por llegar antes que yo a este mundo en el que es imposible sentarse. A mis libreras del alma. A Clara, a Neila y a Paula, por ser las primeras lectoras de lo que entonces solo era un archivo adjunto. A Yago y también a Miguel, aunque no se deje. Y a Andrea, claro, por acompañarme en la vida y durante la escritura de este libro que ahora, por fin, termino con este punto de aquí:

.

Mrs. Danvers

ESTA EDICIÓN DE «PLANETA SOLITARIO», DE ANA FLECHA MARCO, SE DIO A IMPRENTA DURANTE LA PRIMAVERA DE 2024, CUANDO SE CUMPLÍAN CUARENTA AÑOS DEL ESTRENO DE «LA HISTORIA INTERMINABLE» Y OCHO DE LA INAUGURACIÓN DEL MUSEO DE LA VIDA COTIDIANA HVERSDAGSSAFN JUNTO A UN FIORDO ISLANDÉS. VALE.